JN017504

Frontiers in Physics 28

非平衡統計力学

ゆらぎの熱力学から情報熱力学まで

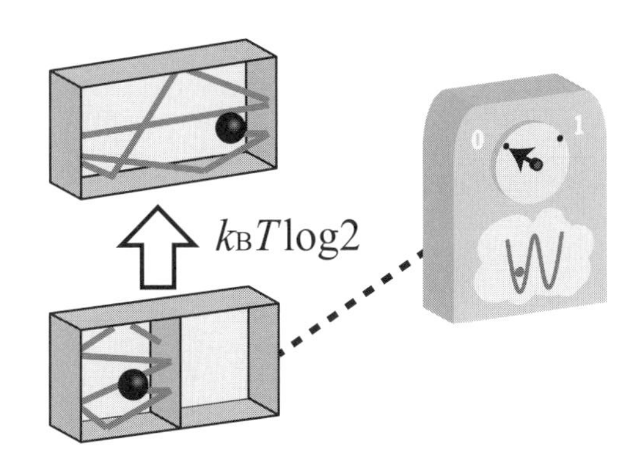

沙川貴大［著］

基本法則から読み解く**物理学最前線**

須藤彰三
岡　　真［監修］

28

共立出版

刊行の言葉

近年の物理学は著しく発展しています．私たちの住む宇宙の歴史と構造の解明も進んできました．また，私たちの身近にある最先端の科学技術の多くは物理学によって基礎づけられています．このように，人類に夢を与え，社会の基盤を支えている最先端の物理学の研究内容は，高校・大学で学んだ物理の知識だけではすぐには理解できないのではないでしょうか．

そこで本シリーズでは，大学初年度で学ぶ程度の物理の知識をもとに，基本法則から始めて，物理概念の発展を追いながら最新の研究成果を読み解きます．それぞれのテーマは研究成果が生まれる現場に立ち会って，新しい概念を創りだした最前線の研究者が丁寧に解説しています．日本語で書かれているので，初学者にも読みやすくなっています．

はじめに，この研究で何を知りたいのかを明確に示してあります．つまり，執筆した研究者の興味，研究を行った動機，そして目的が書いてあります．そこには，発展の鍵となる新しい概念や実験技術があります．次に，基本法則から最前線の研究に至るまでの考え方の発展過程を“飛び石”のように各ステップを提示して，研究の流れがわかるようにしました．読者は，自分の学んだ基礎知識と結び付けながら研究の発展過程を追うことができます．それを基に，テーマとなっている研究内容を紹介しています．最後に，この研究がどのような人類の夢につながっていく可能性があるかをまとめています．

私たちは，一歩一歩丁寧に概念を理解していけば，誰でも最前線の研究を理解することができると考えています．このシリーズは，大学入学から間もない学生には，「いま学んでいることがどのように発展していくのか？」という問いへの答えを示します．さらに，大学で基礎を学んだ大学院生・社会人には，「自分の興味や知識を発展して，最前線の研究テーマにおける“自然のしくみ”を理解するにはどのようにしたらよいのか？」という問いにも答えると考えます．

物理の世界は奥が深く，また楽しいものです。読者の皆さまも本シリーズを通じてぜひ，その深遠なる世界を楽しんでください．

須藤彰三
岡　真

まえがき

本書の目的は，近年発展のめざましい非平衡統計力学について，基礎から最先端までの道案内をすることである．1990 年代の終わりごろから，「ゆらぎの熱力学 (stochastic thermodynamics)」と呼ばれる分野が展開しており，非線形非平衡領域にも適用できる統計力学の理論が構築されつつある．また技術の進歩により，生体分子モーターから量子ドットまで，ミクロなスケールの多彩な熱機関が実験的に研究されるようになってきた．このような研究の流れは，生物物理や量子情報理論などの他分野ともクロスオーバーしながら，非常に活発な研究分野を形成している．

特に注目すべきことは，現代の非平衡統計力学において情報理論が中心的な役割を果たすようになっていることである．情報エントロピーが非平衡熱力学エントロピーの役割を果たすことが明らかになっただけでなく，より深いレベルで情報と熱力学を対等に扱う「情報熱力学 (information thermodynamics)」と呼ばれる研究領域が生まれてきた．これは 19 世紀以来の「マクスウェルのデーモンのパラドックス」という基礎物理の原理的な問題に現代的な光をあてるだけでなく，情報と仕事や自由エネルギーをいかにして相互変換することができるかといった最先端の技術とも結びついている．いまや情報の概念ぬきで非平衡統計力学を語れないと言っても過言ではないであろう．

本書ではこのような現代の非平衡統計力学の展開を，物理学科の 2，3 年生程度の熱力学と統計力学の知識のみを前提として解説していくことを目標とする．熱力学第二法則やゆらぎの定理など中心的な概念について解説し，さらに熱力学不確定性関係など最先端の話題も盛り込んだ．本書で特に力を入れたのは情報熱力学のパートである．情報と熱力学量を対等に扱う現代的な理論を議論すると同時に，できるだけ多くの具体例（トイモデル）を示しながら，基本的な概念を明確にすることを心掛けた．

なお，本書を読むうえで情報理論の予備知識は必要なく，付録 A で情報理論入門の自己完結的な解説を試みた．さらに付録 B では，ランジュバン方程式のできるだけ自己完結的な解説も試みている．また，節末などにあるいくつかの「囲み記事」で，補足的な話題や最先端の研究トピックを取り上げた．

本書が，学部生をはじめとした初学者のみならず，生物物理などの周辺分野も含めた大学院生や研究者の方々にとっても役に立つ手引きになれば幸いである．また，題材を多少取捨選択することで，およそ 1 セメスター分の講義にも用いることができると考えている．

ところで，本書で扱う内容のいくつかには，背後に美しい情報理論的・数学的構造がある．しかし本書ではそこまでは立ち入らず，できるだけ初等的な定式化を採用することにした．また，本書では扱う対象を古典系に限定し，量子系には触れていない．より数学的な内容や量子系の場合に興味のある読者は，拙著 [32] をご一読いただけると幸いである．

本書の執筆にあたって貴重なコメントをいただいた方々に，この場を借りて深く御礼申し上げたい：岡田康志氏，齊藤圭司氏，鳥谷部祥一氏，伊藤創祐氏，金澤輝代士氏，川口喬吾氏，田島裕康氏，布能謙氏，白石直人氏，上島卓也氏，矢田季寛氏，坪内健人氏，そして福澤治幸氏をはじめ岡田康志研究室の学生の皆さん．

本書の執筆は，新学術領域研究「情報物理学でひもとく生命の秩序と設計原理」からのサポートを受けて行われた (JSPS KAKENHI Grant Number JP19H05796)．特に本書の内容のうち情報熱力学に関する部分は，2019 年 10 月に沼津で行われた新学術領域会議での著者によるチュートリアル講演に基づいている．領域代表の岡田康志氏をはじめ，ご助力いただいた方々に感謝したい．

2022 年 5 月　　沙川貴大

目　次

第1章　イントロダクション　1

1.1　ゆらぎの熱力学 2
1.2　情報熱力学 6
1.3　シラード・エンジンと情報熱機関 7

第2章　非平衡系の熱力学第二法則　15

2.1　ゆらぐ熱力学系の定式化 15
2.2　熱力学エントロピーと情報エントロピー 17
2.3　非平衡ダイナミクス 20
2.4　エントロピー生成と熱力学第二法則 24
2.5　熱力学的可逆性 32

第3章　ゆらぎの熱力学　37

3.1　ゆらぎの定理 39
3.2　不可逆熱力学の枠組み 51
3.3　ゆらぎの定理から線形応答理論へ 60
3.4　マルコフジャンプ過程 65
3.5　非平衡定常熱力学 76
3.6　熱力学不確定性関係 80

第4章 情報熱力学 91

4.1 フィードバックと第二法則 91
4.2 測定に要する仕事 100
4.3 情報交換における第二法則 107
4.4 メモリの構造 111
4.5 自律的なマクスウェルのデーモン 127

付録A 情報理論入門 137

A.1 シャノン情報量 137
A.2 相互情報量 140
A.3 カルバック・ライブラー (KL) 情報量 146
A.4 フィッシャー情報量 151
A.5 モーメントとキュムラント 153

付録B ランジュバン系 155

B.1 伊藤公式とフォッカー・プランク方程式 155
B.2 ランジュバン系の熱力学 165

参考図書 173

索 引 181

第1章 イントロダクション

近年，非平衡系の熱力学/統計力学の研究が，理論的にも実験的にも活発に展開されている．特に，平衡近傍に限定されていた線形応答理論の枠組みを超えて，平衡から遠く離れた非線形・非平衡領域の熱力学の現代的な理論が確立しつつある．そこで1つの重要な流れは，従来のマクロ系の熱力学を超えた，ミクロな系の熱力学の研究である．ここでミクロな系とは，たとえば単一高分子など少数自由度の系である．そのような系でも，周囲に水などの巨大な熱浴があれば，熱力学的に振る舞う．

ここには2つの背景がある．第一に，熱ゆらぎの役割を積極的に考慮した「ゆらぎの熱力学 (stochastic thermodynamics)」の理論の発展がある [16,18]．特に1990年代に「ゆらぎの定理 (fluctuation theorem)」と呼ばれる一連の関係式が発見され，エントロピー生成の普遍的な性質が明らかになってきた．また，それをもとにして「マクスウェルのデーモン (Maxwell's demon)」を現代的な観点から定式化し，熱力学における情報の役割を明らかにする情報熱力学と呼ばれる分野が発展してきた [21]．

ゆらぎの熱力学の理論のほとんどは，ミクロ系だけでなくマクロ系にも適用できる [1]．しかし一般に，熱ゆらぎの効果はミクロな系で顕著であり [2]，またしばしばミクロな系の方が応答が大きいため非線形領域に到達しやすい．すなわちミクロな系は，非線形非平衡現象を研究するのに適しているのである．

---

[1] そのため，ゆらぎの熱力学はマクロ系の非平衡統計力学を含んでいるとみなすこともできる．

[2] 系のサイズ（粒子数など）を n とすると，ゆらぎの大きさは $n^{1/2}$ に比例し，その n に対する比は $n^{-1/2}$ である．したがって，系のサイズが大きくなると，その平方根に反比例してゆらぎの効果は小さくなる．これはマクロ系だとアボガドロ数の平方根の逆数のオーダーであり，非常に小さい．

第二の背景は，近年の実験技術の進歩である．特に，ミクロな熱力学系を熱ゆらぎのレベルで測定・制御できる技術が確立してきたことが大きい．レーザーピンセットなどでコロイド粒子や生体高分子を操作する技術は，ゆらぎの熱力学の実験において中心的な役割を果たしてきた [20]．また古典系にとどまらず，超伝導量子ビットや核磁気共鳴 (NMR) など量子エレクトロニクスの先端技術も熱力学の研究に応用されてきた．古典・量子を問わず，ナノスケールの熱機関を制御・設計することは最先端の技術的課題でもある．

なお，歴史的にも，非平衡統計力学の出発点の1つになったのは，アインシュタインのブラウン運動の理論であった．水中のコロイド粒子などのブラウン運動は，まさにミクロな熱力学系の典型であり，それを考察することでアインシュタインは揺動散逸定理を導いたのであった．ミクロな系の熱力学の研究は非平衡統計力学の最新のトレンドであると同時に，実は歴史的な出発点にもなっているのである．

1.1　ゆらぎの熱力学

ここで，ゆらぎの熱力学のコンセプトをやや詳しく見てみよう．以下の内容は第2章と第3章で詳しく述べる．

まず図1.1(a) に，ミクロな系の熱力学の実験の典型的なセットアップを示す（たとえば文献 [36]）．水中にある単一の RNA 分子が熱力学系であり，それを両端につけたコロイド粒子とレーザーピンセットで制御している．シンプルな実験として，RNA 分子を両方向に伸ばすことを考える．これはマクロな熱力学でゴムを伸ばす実験とパラレルである．ゴムはエントロピー弾性をもつが，RNA 分子も同様にエントロピー効果によって縮もうとする．それに抗って RNA 分子を伸ばす際に必要な仕事を，コロイド粒子の変位から計測することが可能であり，さらにそこから単一 RNA 分子の自由エネルギー変化を推定することもできる．これらはいずれも $k_{\mathrm{B}}T$ のオーダー（T は熱浴である水の温度，k_{B} はボルツマン定数）であり，熱ゆらぎと同程度の大きさであることがわかる．

実際，このような実験において，熱ゆらぎの効果を無視することはできない．

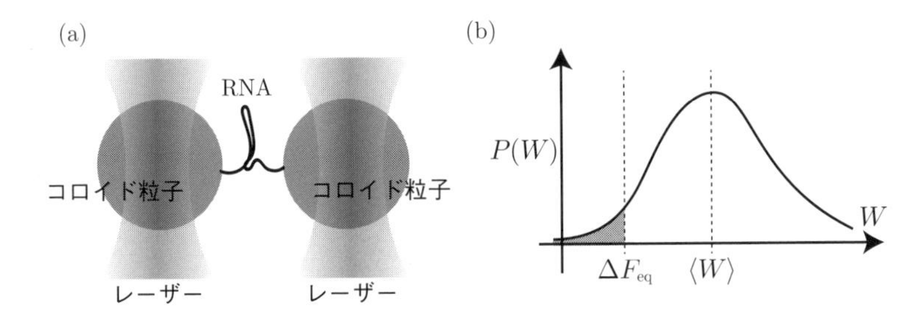

図 1.1 (a) レーザーピンセットを使った生体高分子の実験．ここでは RNA 分子の両端にコロイド粒子をつけ，それらをレーザーピンセットで制御している（レーザーの中央付近に粒子がトラップされる）．コロイド粒子の位置を通して RNA 分子の長さを計測することができ，そこから仕事や自由エネルギーを推定できる．(b) 仕事 W の確率分布 $P(W)$ の例．仕事のアンサンブル平均 $\langle W \rangle$ は平衡自由エネルギー変化 ΔF_{eq} より大きく，アンサンブル平均のレベルでは熱力学第二法則が満たされている．しかしわずかな確率で $W < \Delta F_{\mathrm{eq}}$ となる（影をつけた領域）．このような第二法則の確率的な破れを特徴づけるのが，ゆらぎの定理 (1.1) である．

RNA 分子もコロイド粒子も，周囲の水分子から受けるランダムな力（揺動力）によって確率的に振る舞うからである．マクロな熱力学においては熱や仕事は決定論的な（ゆらがない）量であるが，ミクロな系の実験においてこれらは確率的な量になる．たとえば系が平衡状態から出発し，レーザーピンセットによって外力を加えられ，非平衡状態へと駆動されるような状況を考えよう．その過程で外力から系になされる仕事を W とする．レーザーピンセットの動かし方にゆらぎがない（決定論的に動かす）場合でも，熱ゆらぎの効果によって W は確率的な量になる．図 1.1(b) に W の確率分布 $P(W)$ の例を示す．分布が広がりをもっているのがミクロな系の特徴であり，ゆらぎの効果である [3]．

さて，マクロ系における熱力学第二法則は，$W \geq \Delta F_{\mathrm{eq}}$ で表される．ここで ΔF_{eq} は平衡自由エネルギーの変化である．特にサイクルの場合（すなわち最初と最後が同じ熱平衡状態の場合），$\Delta F_{\mathrm{eq}} = 0$ なので，$-W \leq 0$ が成り立つ．$-W$ がシステムから取り出した仕事であることに注意すると，これは「単一の熱浴からサイクルで正の仕事を取り出すことはできない」あるいは「第二種永

[3] 脚注 2) でも述べたように，サイズが n のマクロな系においては，W の期待値が n に比例し，そのゆらぎは $n^{1/2}$ に比例する（したがって相対的に $n^{-1/2}$ だけ小さい）のが典型的な状況である．

久機関は不可能である」というケルビン (Kelvin) の原理を表している．

では，ミクロな系においてはどうであろうか．図 1.1(b) の影を付けた領域のように，小さな確率で $W < \Delta F_{\rm eq}$ となる場合がある．マクロ極限ではこの確率は 0 に収束するが，ミクロな系では無視することができない．すなわち，ミクロな系では熱力学第二法則が確率的に破れるのである．ただし，アンサンブル平均をとると $\langle W \rangle := \int P(W) W dW$ は熱力学第二法則 $\langle W \rangle \geq \Delta F_{\rm eq}$ を満たす．そのため，平均のレベルでは第二種永久機関は依然として不可能である．しかし，ゆらぎの効果で第二法則が確率的に破れることは重要であり，後で述べるマクスウェルのデーモンの考え方の基礎となっている．

第二法則の破れる確率を特徴づけるのがゆらぎの定理である．ここで，$\sigma := (W - \Delta F_{\rm eq})/k_{\rm B}T$ という量を導入しよう．これは系と熱浴を合わせた全系のエントロピー増加とみなすことができ，エントロピー生成と呼ばれる [4]．第二法則は $\sigma \geq 0$ と表すことができる．これに対して

$$\frac{P(-\sigma)}{P(\sigma)} = e^{-\sigma} \tag{1.1}$$

という関係式が成り立つ [5]．これがゆらぎの定理の 1 つの表現である．すなわち，σ が負になる確率は，正になる確率に比べて，指数関数的に小さい．第二法則の破れは，指数関数的に稀な事象なのである．マクロ系では σ が大きな値をもつため，ほぼ確率 1 で $\sigma \geq 0$ が成り立つことになる．

ゆらぎの定理は普遍的な関係式であり，量子系も含めたすべての熱力学系で成立すると言ってよい．ゆらぎの定理からアンサンブル平均のレベルでの熱力学第二法則 $\langle \sigma \rangle \geq 0$ を導くことができるが，ゆらぎの定理がもっている情報はそれだけではない．エントロピー生成の平均だけでなく，そのゆらぎについての情報も含んでいるからである．低次のゆらぎの情報からは，線形応答理論の主要な関係式，たとえばオンサーガー (Onsager) の相反定理や第一種揺動散逸定理（久保公式）を導くことができる．さらにそれらの非線形への拡張も系統

---

[4] 第 2 章の記法では，W や σ が確率的な量であることを強調するために，$\hat{W}$ や $\hat{\sigma}$ と書く．

[5] 正確には式 (1.1) の左辺の分子は，時間反転した操作についての確率である（たとえば，RNA 分子を伸ばす操作に対して，縮める操作が時間反転である）．ゆらぎの定理の正確な定式化や証明は第 3 章で述べる．

的に導くことができる．ゆらぎの定理は非平衡統計力学のいろいろな関係式の統一的な理解を可能にするのである．

最後に，ミクロな熱力学系の例として，図 1.1(a) よりも複雑なものを挙げておこう．まず図 1.2(a) は，F_1-ATPase というナノスケールの分子モーターである．これは細胞に存在する天然の分子モーターであり，生体のエネルギー通貨である ATP を加水分解しながら，中央のシャフト（図に γ で示す部分で，γ シャフトと呼ばれる）が回転する．実験的には，シャフトにプローブとなるコロイド粒子をつけることで，その回転ブラウン運動を観察することができる．ATP の加水分解エネルギーはおよそ $20k_{\mathrm{B}}T$ であるため，まさにゆらぎの熱力学が適用できるスケールであると言える．さらに，外力をかけてシャフトを逆回転させると，ATP を合成することができる（実際に生体内では，F_o と呼ばれる別のユニットが F_1-ATPase に結合してシャフトを逆回転させており，ATP が合成されている）．この意味で F_1-ATPase は可逆であり，準静極限で効率 100%を達成できる分子モーターである．このような高効率の熱機関が生体内に存在していることは驚異であろう．

図 1.2(b) に量子ドットを用いたナノ熱電デバイスの例を示す．熱電効果とは熱流を電流に（すなわち，温度差を電圧に）変換する現象であるが，それをナノスケールで実現するのがこのようなデバイスである（3.2.3 項と 3.4.4 項で詳しく議論する）．2 つの電子浴の間に量子ドットがあり，そこに電子が出入りする．電子浴の温度差が大きければ，化学ポテンシャル差に逆らって電子を輸送

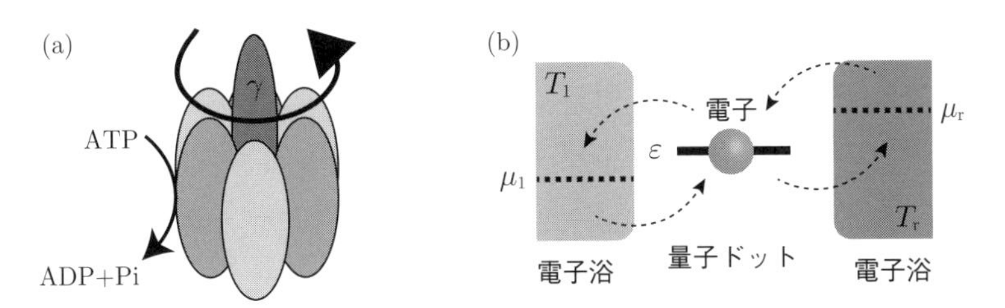

図 1.2 ゆらぐ熱力学系の例．(a) ATP を加水分解して回転する生体分子モーターである F_1-ATPase．中央の γ シャフトが回転するのを，プローブとなるコロイド粒子をつけて観察することができる．(b) 量子ドットを用いたナノ熱電デバイス．T_{l}，T_{r} と μ_{l}，μ_{r} はそれぞれ，左 (l) と右 (r) の電子浴の温度と化学ポテンシャルである．ε は量子ドットのエネルギー準位．

することができる．このようなナノスケールの熱電素子は，ただちに日常的な発電に結びつくわけではないが，エネルギー変換の基本原理を明らかにするうえで重要なプロトタイプであると考えられる．

1.2 情報熱力学

さて，ゆらぎの熱力学の考え方を用いて，情報の熱力学の研究がこの 10 年で大きく進展した．すなわち，情報理論と非平衡統計力学を融合して，情報量を熱力学量（熱や仕事）と対等に扱う熱力学の枠組みが確立してきている．特に，情報量を取り入れた形に一般化された熱力学第二法則が導かれたことが重要である．詳細な議論は第 4 章で述べるが，ここではまず基本的な考え方を述べる．

もっとも重要なアイデアは，熱力学エントロピーと情報エントロピーの等価性である．従来の平衡熱力学において，熱力学エントロピーは平衡状態だけに対して定義されていた．これを非平衡状態にいかに拡張するか，すなわち非平衡エントロピーをいかに定義するかが大きな問題であった．近年の研究により，その答えは情報エントロピー（シャノン・エントロピー）[6)] であることが確立してきた．すなわち，情報エントロピーは非平衡状態でも定義でき，熱力学第二法則を満たすのである．

情報と熱力学の関係についての研究の歴史は古く，19 世紀にまでさかのぼる．マクスウェルは 1867 年にマクスウェルのデーモンの思考実験を考えた [37][7)]．原子や分子を 1 つずつ観測して操作できる「デーモン」が存在すれば，仕事をすることなく熱力学系のエントロピーを減らすことができ，熱力学第二法則が破れるかもしれないと考えたのである．デーモンと第二法則の整合性をめぐっては，その後 150 年にわたって物理学者たちが議論を行ってきた．とはいっても 20 世紀のうちは，その議論はほとんどが特殊なモデルに基づいた思考実験であった．21 世紀に入ってから，ゆらぎの熱力学などの考え方に立脚し，一般的な理論が構築され，マクスウェルのデーモンと第二法則の整合性が完全に理解

[6)] 情報理論の入門を付録 A で解説した．
[7)] ただし「デーモン」という名前をつけたのはケルビン卿であるらしい．

されるようになってきた.

現代的な観点からは，マクスウェルのデーモンとは，熱ゆらぎのレベルで熱力学系を測定し，その測定結果に基づいた操作（フィードバック制御と呼ばれる）を行うデバイスであると理解できる．そのとき，デーモンが測定で得た情報量が本質的な役割を果たす．すなわち，デーモンの取得した情報のエントロピーと，熱力学エントロピーを両方考慮してはじめて，デーモンと第二法則の整合性が理解できるのだ.

先述のように，熱ゆらぎのレベルでの測定や操作は実験的に可能になっており，デーモンはもはや思考実験上の存在ではない．実際 2010 年になって鳥谷部ら [38] は，コロイド粒子を用いた実験によって，マクスウェルのデーモンを世界で初めて実験的に実現した．その後，量子系も含めた多くの系でデーモンの実験が行われるようになり（たとえば [39–46]），熱力学における情報の役割が実験的にも詳細に理解されている.

このように，マクスウェルのデーモンはもはや歴史の遺物ではなく，現代の熱力学の最先端の研究テーマになっている．その研究を通して，熱力学における情報の役割が深く理解され，情報処理に要するエネルギーコスト（仕事）の原理的な限界が解明されてきている．これは基礎物理として重要な問題であるだけでなく，低エネルギー消費のデバイスの設計など工学的な問題にも結びついていくことが期待される.

さらに近年では，情報熱力学の生体情報処理への応用が盛んに研究されるようになってきた．また情報熱力学は，古典系のみならず量子系でも展開できるため，熱力学と量子情報の関係も興味深いテーマである．本書ではそこまで深入りすることはできないが，第 4 章で古典系に焦点をしぼって情報熱力学の基本的な考え方を解説する.

1.3 シラード・エンジンと情報熱機関

上記のような情報熱力学のアイデアをもう少し具体的に説明するために，マクスウェルのデーモンのもっともシンプルな定量的モデルである，シラード・

エンジンを紹介しよう[8]．

考える熱力学系は，体積 V の箱の中に古典的な単一粒子が入った，単一粒子気体である（粒子としてはたとえば単原子分子を想定できるが，コロイド粒子でもよい）．箱は温度 T の熱浴に接している．図 1.3 にシラード・エンジンの模式図を示す．

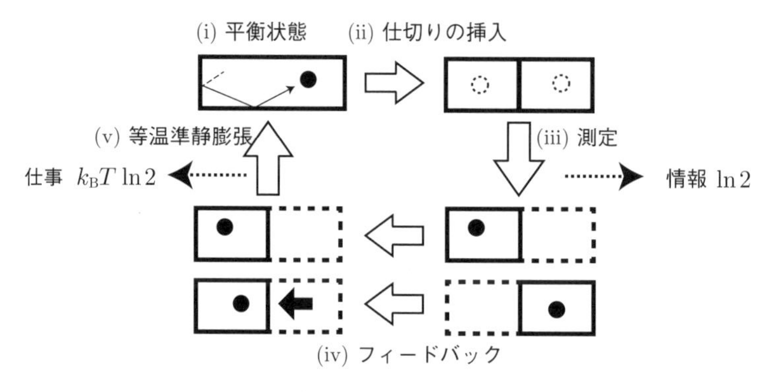

図 1.3　シラード・エンジンの模式図．測定で $\ln 2$ の情報を得てフィードバックを行うことで，$k_{\mathrm{B}}T\ln 2$ の仕事を取り出すことができる．

(i) 初期状態は温度 T の熱平衡状態であり，粒子は箱全体を飛び回っている．粒子は古典的であり，大きさは無視できるとする．

(ii) 箱の中央に仕切りを挿入し，体積 $V/2$ ずつの 2 つの箱に分ける．左と右に粒子が入っている確率はそれぞれ 1/2 である．この仕切りは十分に薄いとすると，その挿入で粒子に仕事がされることはない．

(iii) デーモンが，どちらの箱に粒子が入っているのかを測定する．測定に誤差はないとする．デーモンは「左」「右」のいずれかの測定結果を確率 1/2 で得る．この測定で得られる情報量は 1 ビットであり，自然対数で表すと $\ln 2$ である[9),10)]．なお，いま考えているのは古典系であるため，測定が粒子に

---

8) これはシラード (Szilard) が 1929 年に考案した [47].

9) 本書では ln で自然対数 $\log_e$ を表す．

10) ビットの概念は，2 を底とする対数で定義されている．すなわち，場合の数が 2 であれば，それは $\log_2 2 = 1$ ビットの情報量に対応する．一方で，底を自然対数にとった場合の情報量の単位はナット (nat) と呼ばれる．場合の数が 2 であれば $\ln 2$ ナットである．なお，ここで情報量と呼んでいるものは一般にはシャノン情報量である（付録 A を参照）．

及ぼす物理的な影響は無視することができる．理想的には，測定によって系に対して仕事がなされることもない（本章の末尾の囲み記事も参照）．

(iv) 次にデーモンの測定結果に基づいたフィードバックを行う．粒子が左の箱に入っていたら何もしない．しかし粒子が右の箱に入っていたら，右の箱を（体積を変えずに）ゆっくりと（準静的に）左側に平行移動する．この移動の過程で，箱の左右の圧力は常につり合ったままなので，仕事は必要ない（自由エネルギーが変化していないことにも注意）．この操作の後，箱は確率 1 で左側にある．なおこの操作は，測定結果（左右）に応じて箱の動かし方を変えるという意味で，フィードバックになっている．

(v) 最後に，体積 $V/2$ だった箱を等温準静膨張させ，体積 V の初期状態に戻す．このとき外部に取り出される仕事 W_{ext} は，単一粒子理想気体の状態方程式 $pV = k_{\text{B}}T$（ここで p は圧力）を用いて，

$$W_{\text{ext}} = \int_{V/2}^{V} p dV' = \int_{V/2}^{V} \frac{k_{\text{B}}T}{V'} dV' = k_{\text{B}}T \ln 2 \tag{1.2}$$

と計算できる．

以上の過程は，初期状態と終状態が同じであるサイクルであり，熱浴は 1 つしかない．したがって，正の仕事 $k_{\text{B}}T \ln 2$ が取り出せているのは，一見すると熱力学第二法則（ケルビンの原理）に反しているように見える．この整合性は第 4 章で詳しく議論するが，ここでまず注目すべきことは，取り出した仕事量 $k_{\text{B}}T \ln 2$ と，デーモンが取得した情報量 $\ln 2$ が比例していることである．ここに情報と熱力学の定量的な関係が示唆されている．

重要なのは，測定前の状態と，フィードバック後の状態を比べると，気体のエントロピーが $\ln 2$ だけ減少していることである（左右等確率だったのが左だけになった）．この過程でデーモンは仕事をしておらず，気体は熱を放出していないので，従来の熱力学とは異なる機構で系のエントロピーが減少したことになる．これがまさに取得した情報 $\ln 2$ を用いたフィードバックによってなされたことであり，デーモンによる操作の特徴である．そして，$\ln 2$ のエントロピーの減少は $k_{\text{B}}T \ln 2$ の自由エネルギーの増加を意味しているので，それが最終的

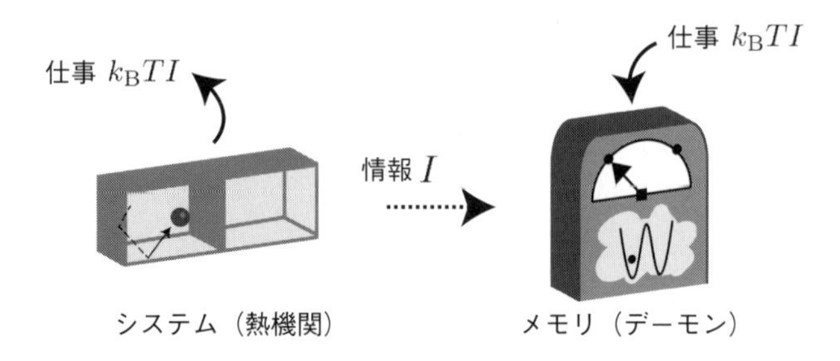

図 1.4　情報熱機関の模式図．システム（熱機関）とメモリ（デーモン）の全体としては熱力学第二法則と整合している．しかしメモリとシステムの間で直接のエネルギーのやり取りがなくても，情報だけを用いてシステムから仕事を取り出せるという点が，従来の熱力学とは異なる点である．なお，この図におけるメモリは，二重井戸ポテンシャルで表された内部状態によってシステムの状態を記録している（詳しくは 4.4 節を参照）．

に (v) で仕事として取り出されたことになる [11)]．

このように，情報を用いて仕事を取り出す熱機関は，しばしば情報熱機関と呼ばれる．第 4 章で詳しく議論するように，一般に情報熱機関からサイクルで取り出せる仕事 W_{ext} の限界は，測定で得た相互情報量 I を用いて $W_{\mathrm{ext}} \leq k_\mathrm{B}TI$ で与えられる [48,49][12)]．シラード・エンジンの場合は $I = \ln 2$ であり，対応する最大の仕事 $W_{\mathrm{ext}} = k_\mathrm{B}T \ln 2$ が取り出せていることになる．この意味で，シラード・エンジンはもっとも効率のよい情報熱機関である．

情報熱機関と第二法則の整合性を理解するためには，情報を得て蓄えているデーモン自身も熱力学系と考える必要がある（図 1.4）．デーモンは測定で得た情報を蓄えておく必要があるが，そのためには測定結果を記録しておく物理的な実体が必要になる．この観点から，デーモンはしばしば「メモリ」と呼ばれる．そして，メモリが熱浴と接触していたら，それ自身が熱力学的に振る舞うはずであり，メモリが情報処理を行う際には仕事が必要になるはずである．実際，メモリの時間発展がサイクルをなす（具体的には，測定を行って結果をメ

---

11) なお，(iv) で「右の箱を左に寄せる」プロセスを飛ばして，「粒子が右に入っていれば中央の仕切りを左端まで膨張させ，粒子が左に入っていれば中央の仕切りを右端まで膨張させる」という操作によっても，$k_\mathrm{B}T \ln 2$ の仕事を取り出して初期状態に戻すことができる．これも「膨張させる方向を測定結果に応じて変える」というフィードバック操作である．図 1.3 であえて「右の箱を左に寄せる」という操作をはさんだのは，エントロピー減少のプロセスを明確化するためである．

12) 相互情報量については付録 A を参照．

モリに書き込み，さらに初期化を行ってもとに戻す）とき，メモリに対して仕事をする必要があり，その下限は $W_{\mathrm{demon}} \geq k_{\mathrm{B}}TI$ で与えられる [50–52]．ここで I は上記と同様，測定で得た相互情報量である [13]．したがって，デーモンと熱機関の全体から取り出せる仕事量は $W_{\mathrm{ext}} - W_{\mathrm{demon}} \leq 0$ を満たし，熱力学第二法則に反しない．第二種永久機関は，たとえデーモンが存在しても不可能なのである．

ただしここで重要なのは，デーモンと熱機関の間に直接のエネルギー（仕事）のやり取りがなくても（すなわち，純粋に情報をやり取りするだけでも），熱機関から仕事を取り出せるという点である．メモリに対して測定過程などで必要な仕事 W_{demon} は，システムにエネルギー的に受け渡されるわけではなく，測定過程でシステムに仕事がなされるわけではないことに注意しよう．システムから仕事を取り出せるのは，フィードバックによって周囲の熱ゆらぎを整流して仕事に変換しているからである．この意味で，全体としては第二法則と整合しているものの，情報熱機関は伝統的な熱機関とは異なる概念であると言える．

マクスウェルのデーモンの歴史

マクスウェルのデーモンを情報と結びつける議論を初めて定量的に行ったのは，先述の 1929 年のシラードの論文である [47]．これがシャノン (Shannon) による情報理論の創始 [11] に 20 年近く先立つのは驚くべきことであろう．そして，デーモン自身も熱力学に従う物理系として捉え，デーモンに要する熱力学的なコストを考えると全体として第二法則と整合するはずだという指摘は，このシラードの論文の時点ですでになされていた．そこでシラードは，測定に伴うデーモン自身のエントロピー生成について考察している．

しかしその後も，デーモンと熱力学第二法則がどのように整合するか（いわゆる，マクスウェルのデーモンのパラドックス）については，20 世紀を通していろいろな議論がなされてきた (2000 年ごろまでの状況は，論文集 [53] にまとまっている)．どのような物理的メカニズムで，どのようなプロセス

[13] なお，ここで特に重要なのは，第 4 章で詳しく議論するように，測定に要する仕事である（下記の囲み記事も参照）．

において，デーモン自身に仕事などの熱力学的コストが必要なのか，という論争が行われてきたと言える．

1951 年の論文でブリルアン (Brillouin) は，測定にエネルギーが必要であると考えた [54]．たとえば，シラード・エンジンの粒子の位置を光で測定するならば，光子が背景の熱輻射に埋もれてしまわないために，$\hbar\omega \gg k_{\mathrm{B}}T$ のエネルギーが必要なはずである．これはシラード・エンジンから取り出せる仕事 $k_{\mathrm{B}}T \ln 2$ を打ち消すのに十分である．

しかし 1982 年の論文でベネット (Bennett) は，ブリルアンの議論は特定の（光子を用いた）測定モデルにしか妥当せず，一般には測定に仕事は必ずしも必要ないと議論した [55]．実際に磁性体を用いたメモリのモデルで，測定に要する仕事をゼロにできる例を構成してみせた．

そのかわりにベネットが着目したのが，デーモンのメモリに蓄えられた仕事を消去するプロセスである．先立つ 1961 年，ランダウア (Landauer) の研究によって，メモリから 1 ビットの情報を消去するには，$k_{\mathrm{B}}T \ln 2$ の仕事が必要だと議論していた（これをランダウア原理と呼ぶ）[56]．デーモンが測定で得た情報を消去し，デーモン自身がサイクルとなるように初期化を行う過程で必ず仕事が必要だと，ベネットはランダウア原理に基づいて議論した．これにより，情報消去こそがデーモンと第二法則を整合させるというランダウア・ベネットの議論が，「マクスウェルのデーモンのパラドックスの解決」として長く受け入れられてきた．

しかしランダウア原理も，特定の形状のメモリのモデル（左右対称な二重井戸ポテンシャルのような，対称メモリ）に基づいたものであった．2009 年に著者の沙川と上田は，非対称メモリを用いれば仕事なしで情報消去が可能になることを指摘した [50]．すなわち，ランダウア・ベネットの議論もまた，特定の具体例に基づいたものだったのである．

また，沙川と上田は，ゆらぎの熱力学などに基づき，デーモンに要する仕事についての一般的な関係式を導いた [48–52]．それによると，測定に要する仕事と消去に要する仕事には，一般にトレードオフがあり，両者の合計 W_{demon} の下限が相互情報量 I を用いて $W_{\mathrm{demon}} \geq k_{\mathrm{B}}TI$ で与えられる．

すなわち，測定と消去を合計して初めて，仕事の普遍的な下限があるのだ．さらに重要なのは，$k_{\mathrm{B}}TI$ は測定で得た相互情報量に由来しており，「情報を取得するのに余分に必要な仕事」がデーモンに要する仕事の起源であるという点である（ただしこれは，ブリルアンとはまったく異なる議論である）．このような議論によって，デーモンと第二法則の整合性が現代的に理解されると言えるだろう．一方でランダウア原理は，相互情報量ではなくシャノン情報量を環境に捨てるときに必要な仕事に関するものであり，概念的に異なる考え方である．以上のような論点は第 4 章で詳しく議論する（とくに 4.4 節末尾の囲み記事「マクスウェルのデーモンのパラドックスの解決」を参照）．

さて結局のところ，歴史的に見て誰の議論がもっとも正しかったのであろうか．著者の見方では，それはシラードの原論文 [47] であったと考えられる．そこでシラードが行っている「測定に伴うエントロピー生成」の議論は，特定の具体例に基づいた議論ではあるものの，上記のような現代的な議論に近いと考えられる（4.2 節の脚注 10) を参照）．そして論文 [47] の中でシラードは次のように述べている：

> In that case it will be possible to find a more general entropy law, which applies universally to all measurements.

そのような一般理論が，80 年にわたる紆余曲折を経て，現代の非平衡統計力学と情報理論に基づいてついに構築されつつあると言えるかもしれない．

第2章 非平衡系の熱力学第二法則

本章では，非平衡系に熱力学第二法則がどう拡張されるかを議論する．特に，情報エントロピー（シャノン・エントロピー）が非平衡系における熱力学エントロピーの役割を果たすことを見る．シャノン・エントロピーになじみのない読者は，まず付録 A.1 をご覧いただきたい．

2.1 ゆらぐ熱力学系の定式化

まずは，本書の議論の舞台を，ゆらぎの熱力学の立場から定式化しよう．熱浴に接触した熱力学系（以下，システム X と呼ぶ）を考える．熱浴は巨大であり，常に熱平衡状態に近いとする．本章では簡単のため，熱浴は 1 つだけであるとして，その温度を T とする．システムは熱浴の影響で確率的にゆらいでいる．ここではシステムがミクロ系であることは論理的には仮定しない（マクロ系でもよい）が，イントロダクション（第 1 章）でも述べたように以下の議論が物理的に重要になるのはシステムがミクロな系の場合である．

本書では古典系を考えるため，システムの状態も古典的な確率変数で記述できるとする．システム X のとりうる状態を x としよう．それが現れる確率を $P(x)$ とする [1]．x は熱浴の影響で $x(t)$ のように確率的に時間発展している．それに対応して，$P(x)$ も $P(x,t)$ のように時間発展している（ただし以下ではしばらくの間，このような時間依存性はあらわには考えない）．なお，本章では主に x が離散変数の場合を念頭に置くが，連続変数の場合についても適宜コメン

[1] なお，x は古典力学の言葉で言うとシステムの相空間の点に対応している（熱浴の自由度は含まないことに注意）．この意味で x のことを「状態」と呼ぶが，その確率分布 $P(x)$ のこともしばしば「状態」と呼ぶ．

トする．

状態 x のエネルギーを E_x としよう（古典力学の言葉で言うと，これはハミルトニアンである）．対応してエネルギー期待値は

$$E := \sum_x P(x) E_x \tag{2.1}$$

で与えられる．また，このエネルギー準位のもとでの平衡分布は以下のカノニカル分布で与えられる：

$$P_{\mathrm{can}}(x) = \frac{e^{-\beta E_x}}{Z}. \tag{2.2}$$

ここで $\beta := (k_{\mathrm{B}}T)^{-1}$ は逆温度と呼ばれる．Z は分配関数であり，

$$Z := \sum_x e^{-\beta E_x} \tag{2.3}$$

で定義される．対応して，平衡自由エネルギー（ヘルムホルツの自由エネルギー）は

$$F_{\mathrm{eq}} := -k_{\mathrm{B}}T \ln Z \tag{2.4}$$

と定義される．これを用いるとカノニカル分布 (2.2) は

$$P_{\mathrm{can}}(x) = e^{\beta(F_{\mathrm{eq}} - E_x)} \tag{2.5}$$

とも書けることに注意しよう．

もっとも単純な例は 2 準位系，すなわち x のとりうる値が 2 つしかない状況である．それを $x = 0, 1$ として，それぞれのエネルギーを E_0, E_1 とする（エネルギー差を $\Delta E := E_1 - E_0$ とおく）．このときカノニカル分布は，

$$P(0) = \frac{1}{1 + e^{-\beta \Delta E}}, \quad P(1) = \frac{e^{-\beta \Delta E}}{1 + e^{-\beta \Delta E}}, \tag{2.6}$$

で与えられる．

2 準位系の具体的な例としては，たとえば原子の内部状態を 2 つ考え，かつ量子的なコヒーレンスが無視できる（古典的に記述できる）ような状況が考えられる．あるいは第 1 章の図 1.2(b) のような量子ドットを考えることができる．

量子ドットに電子がない場合が $x=0$, ある場合が $x=1$ である[2]. また, 別の例としては, 異なる2つの形状をとる生体高分子を考えることができる(具体例は文献 [27] などを参照).

x が連続変数の場合も考えることができる. 典型的な例としては, ランジュバン方程式で記述されるブラウン粒子がある(詳細は付録Bを参照). 特に, 粒子に対する摩擦が強いオーバーダンプな (overdamped) 状況では, 運動量の項が無視できるため, x はブラウン粒子の位置を表す[3]. 確率密度を $P(x)$ とすると, x から $x+dx$ の間に見出される確率は $P(x)dx$ となる. これを用いて上記の和を積分で置き換えていけば, 連続変数の場合もほぼパラレルに議論を進めることができる. オーバーダンプなときは運動エネルギーを無視できるため, エネルギーはポテンシャル $V(x)$ で与えられ(すなわち $E_x=V(x)$), $P(x)=e^{-\beta V(x)}/Z$ がカノニカル分布である.

2.2 熱力学エントロピーと情報エントロピー

以上のような設定において, エントロピーの概念について考えよう. 特に, 一般の非平衡分布 $P(x)$ におけるエントロピーとは何か, について考えたい.

伝統的な平衡熱力学においては, エントロピーとは平衡状態だけに対して定義されるものであった. 平衡エントロピー S_{eq} の定義は, 平衡熱力学の現象論の範囲では $\Delta S_{\mathrm{eq}}:=\int\beta d'Q$ によって($d'Q$ は準静過程における吸熱), 平衡統計力学ではボルツマンの公式 $S_{\mathrm{eq}}=\ln N$ によって与えられる. ここで N はミクロカノニカル分布における場合の数である. また, 後述の記法と次元を合わせるために, ボルツマン定数 k_{B} を省略した. 問題は, これを非平衡状態にいかに拡張するか, ということである.

本書では, 非平衡エントロピーとして, 情報エントロピーを採用するという

---

[2]電子の電気エネルギーが熱エネルギーよりも大きいクーロン・ブロッケードと呼ばれる領域では, ドットに2個以上の電子が入ることはなく, 量子コヒーレンスも無視できる. このときは古典的な2準位系とみなすことができる.

[3]一般には, x は連続的な相空間の点を表すので, 運動量なども含む. また, 本書では明示的にベクトルの記号を用いることはしないが, x は多次元でもよい.

立場をとる．これは現代のゆらぎの熱力学において標準的な立場である．具体的には，システム X の非平衡分布 $P(x)$ に対して，シャノン・エントロピーと呼ばれる量

$$S := -\sum_x P(x) \ln P(x) \tag{2.7}$$

を考える．これはシャノン情報量とも呼ばれる標準的な情報エントロピーである（詳細は付録 A を参照）．なお，本書ではシャノン・エントロピーとシャノン情報量を用語として区別しない．これは任意の確率分布 $P(x)$ に対して定義できるので，（平衡エントロピーとは異なり）任意の非平衡状態に対して定義できることに注意しよう．シャノン・エントロピーを非平衡熱力学エントロピーとして採用することの妥当性は，2.4 節で詳しく述べるように，非平衡状態にも一般化された熱力学第二法則が成り立つことから確かめられる．

まずは，シャノン・エントロピーがカノニカル分布において通常の熱力学エントロピーと一致することを見よう．シャノン・エントロピーの定義 (2.7) にカノニカル分布の表式 (2.5) を代入すると，

$$S = -\sum_x P(x)\beta(F_{\mathrm{eq}} - E_x) = \beta(E - F_{\mathrm{eq}}) \tag{2.8}$$

すなわち

$$E = F_{\mathrm{eq}} + k_{\mathrm{B}}TS \tag{2.9}$$

が成り立つことがわかる．これは平衡熱力学エントロピー S_{eq} が満たす式と同じである [4]．したがって，カノニカル分布においては $S = S_{\mathrm{eq}}$ となる．

なおカノニカル分布は，与えられた平均エネルギー E のもとで最大のシャノン・エントロピーをもつ分布である（これはラグランジュの未定乗数法で示すことができるが，付録 A でカルバック・ライブラー (Kullback–Leibler, KL) 情報量を用いた証明を行う）．これは「平衡状態とは最大のエントロピーをもつ状態である」という物理的直観と一致している．また A.1 節で示すように，平均エネルギーの拘束条件を外すと，シャノン・エントロピーの最大値は $\ln N$ であ

[4] 本書では記法を統一するために，平衡熱力学エントロピーにもボルツマン定数をつけない．

る（N は x のとりうる値の総数）．これは一様分布の場合であり，等重率の原理が成り立つミクロカノニカル分布の場合に相当するとみなすこともできる．この意味で，ボルツマン・エントロピーもシャノン・エントロピーの特別な場合であると言える．

熱平衡状態とは何か

本書では一貫して，熱平衡状態とはカノニカル分布（あるいはグランドカノニカル分布）のことであるという立場をとっている．本書が念頭に置いているような，マクロな熱浴に接触したミクロな熱力学系においては，これは一般に正しい．熱平衡状態が実際にカノニカル分布になることは実験的にも確かめられている．理論的にも，マルコフジャンプ過程やランジュバン系などの基本的なモデルは，詳細つり合いの仮定のもとでこの性質を満たす．そして上述のように，カノニカル分布においては熱力学エントロピーとシャノン・エントロピーが一致する．

一方で，熱浴と接触していない孤立した熱力学系においては，事情が変わってくる．多体系の場合だと，ハミルトン系のように散逸のない孤立系においても，ダイナミクスがカオス的ならば熱平衡化が起きることが知られている．これは相空間の 1 点だけで（ミクロカノニカル分布を考えずとも）マクロ熱平衡状態を表せることを示唆している．量子系でも同様であり，ユニタリ時間発展する孤立量子多体系も熱平衡化する．特に，単一のエネルギー固有状態でも熱平衡状態を表せるという仮説は，固有状態熱化仮説 (Eigenstate Thermalization Hypothesis, ETH) と呼ばれ，多くの非可積分系で成り立つことが確かめられている [35].

このような古典相空間の 1 点や，量子系のエネルギー固有状態においては，情報エントロピーはゼロである．したがって，孤立系においては，熱平衡状態であっても熱力学エントロピーと情報エントロピーが一致するとは限らない．むしろ，熱平衡状態を表すいろいろなアンサンブルの中で，もっとも大きなエントロピーをもつものがミクロカノニカル分布であり，そのときに情報エントロピーと熱力学エントロピー（ボルツマン・エントロピー）が一致すると言うべきであろう．このような論点は，エルゴード性の問題とも絡み，平衡統計力学の基礎にまつわる重要な問題を提起している．

2.3 非平衡ダイナミクス

次に，熱力学系の非平衡な時間発展を考え，熱や仕事の定義を述べよう．引き続き，確率的に時間変化するシステム X を考える．この変化はシステムが接触している温度 T の熱浴の影響で起きるとする．さしあたっては，具体的な時間発展の方程式は指定せず，大枠の考え方を述べることにする．具体的な時間発展方程式の記述は，マルコフジャンプ (Markov jump) 過程の場合は 3.4 節で，ランジュバン (Langevin) 系の場合は付録 B で述べる．しかし本章の一般論では，マルコフ性は基本的に仮定しない[5)]．

時間発展を $P(x,t)$ とする．これはすべての時刻で規格化されている，すなわち $\sum_x P(x,t)=1$ がすべての t で成り立つ．ここから

$$\sum_x \frac{\partial P(x,t)}{\partial t} = 0 \tag{2.10}$$

が成り立つ．これはしばしば有用な関係式である．

熱力学量の時間発展を考えよう．まず，時刻 t におけるシャノン・エントロピーは

$$S(t) := -\sum_x P(x,t) \ln P(x,t) \tag{2.11}$$

と定義される．この時間微分は，式 (2.10) を用いて

$$\frac{dS(t)}{dt} = -\sum_x \frac{\partial P(x,t)}{\partial t} \ln P(x,t) \tag{2.12}$$

と計算される．これは正になっても負になってもよい．

---

5) ここで，ある確率過程がマルコフ (Markov) であるとは，確率的に時間発展する系の確率分布が，その直前の時刻の分布だけで決まることを言う．連続時間の場合は，時刻 $t+dt$ における分布が時刻 t の分布のみで決まる場合である．状態が離散的な場合は 3.4 節で述べるマルコフジャンプ過程（マスター方程式）で，状態が連続的な場合は付録 B で述べるランジュバン方程式で記述される．

次にエネルギー収支を考えよう[6)]．まずエネルギー準位（ハミルトニアン）が時間依存しない場合を考える．このとき，平均エネルギーの時間依存性は $P(x,t)$ だけからくる：$E(t) := \sum_x P(x,t)E_x$．さて，熱とは熱浴からシステムへのエネルギーの移動のことであるが，いまの場合はシステムのエネルギー変化がすべて熱である．すなわち，時刻 $t=0$ から $t=\tau$ までの間に熱浴からシステムが吸収した熱量 $Q(\tau)$ は，

$$Q(\tau) := E(\tau) - E(0) = \sum_x (P(x,\tau) - P(x,0))E_x \tag{2.13}$$

で与えられる．時間微分で書くと，

$$\dot{Q}(t) = \frac{dE(t)}{dt} = \sum_x \frac{\partial P(x,t)}{\partial t} E_x \tag{2.14}$$

である．

次に，外場などによる駆動があり，エネルギー準位（ハミルトニアン）そのものが時間に依存している場合，すなわち $E_x(t)$ となっている場合を考えよう．たとえば，2 準位系の場合は，外場（電場や磁場）の変化に応じて準位間隔 ΔE が変動している状況をイメージすればよい（図 2.1(a)）．あるいは，ランジュバン系の場合は，ポテンシャル $V(x)$ が時間依存している状況をイメージできる（図 2.1(b)）．このとき，時刻 t における平均エネルギーは

$$E(t) := \sum_x P(x,t)E_x(t) \tag{2.15}$$

となり，確率分布とエネルギー準位の両方から時間依存性をもつ．

なお，実際の実験で操作できるのは，外場などの特定のパラメータである場合がほとんどである．したがってエネルギー準位の時間依存性は，外場などの操作パラメータ λ を通した時間依存性と考えるべきである[7)]．すなわち，エネルギー準位が $E_x(\lambda)$ のように λ に依存し，この λ が時間依存しているため，エネ

---

6) 以下では非保存力（ポテンシャルの勾配で書けない力）がないことを仮定する．ただし第二法則やゆらぎの定理などは，熱や仕事を適切に定義すれば，非保存力があってもそのまま成り立つ．付録 B でランジュバン系の場合の非保存力について述べる．

7) λ は一般に多次元のベクトルでもよいが，本書ではベクトルであることを明示する記号はつけない．

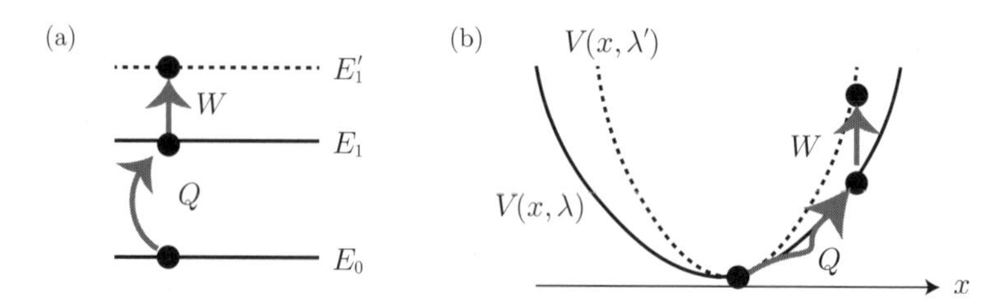

図 2.1　エネルギー準位と状態の変化の模式図．エネルギー準位が固定されているとき，システムの状態が遷移するのは熱浴の影響によるものなので，その際のシステムのエネルギー変化が熱 Q である．一方で，システムの状態が変化しなくとも，エネルギー準位自体の変化によってシステムのエネルギーが変化するが，これが仕事 W である．(a) 2 準位系で，励起状態のエネルギー E_1 を E_1' に変化させる場合．(b) ランジュバン系の調和ポテンシャル $V(x,\lambda)$ においてばね定数を変化させて，$V(x,\lambda')$ にした場合．

ルギー準位も $E_x(\lambda(t))$ と時間依存していると考える．たとえば 2 準位系の場合（図 2.1(a)），励起エネルギーをシフトさせる外場の大きさを λ として，$E_0 = 0$, $E_1(\lambda) = \Delta E + \alpha\lambda$ と書けるとしよう（ここで ΔE は外場がないときの励起エネルギー，α は比例定数）．この λ を通した $E_1(\lambda(t)) = \Delta E + \alpha\lambda(t)$ という時間依存性があると考えるわけである．また，ランジュバン系の場合の例として，調和ポテンシャルの場合を考えよう（図 2.1(b)）．その中心位置 λ_1 とばね定数 λ_2 を操作パラメータとすると，$V(x,\lambda) = \lambda_2(x-\lambda_1)^2/2$ となる（$\lambda = (\lambda_1, \lambda_2)$ である）．ただし以下では記法の簡単のため，しばしば λ を明示的に書くことを省略し，一般に $E_x(\lambda(t))$ を単に $E_x(t)$ と書くことにする．両者の表記の間には，時間微分について

$$\frac{\partial E_x(t)}{\partial t} \quad \Leftrightarrow \quad \frac{\partial E_x(\lambda)}{\partial \lambda}\frac{d\lambda}{dt} \tag{2.16}$$

という対応関係があることに注意されたい．たとえば上記の調和ポテンシャルの例で λ_1 のみを時間変化させる場合は，$\frac{\partial V(x,t)}{\partial t} = -\lambda_2(x-\lambda_1)\frac{d\lambda_1}{dt}$ である．

さて，このようなエネルギー準位の時間依存性を通して，システムに対して仕事がなされることになる．ここで仕事とは，仕事源から（操作パラメータ λ を通しての）システムへのエネルギーの移動のことである．時刻 $t = 0$ から $t = \tau$ までの間にシステムがされた（仕事源がした）仕事量を $W(\tau)$ としよう．熱力学第一法則（エネルギー保存則）により，熱と仕事の合計は，エネルギー変化

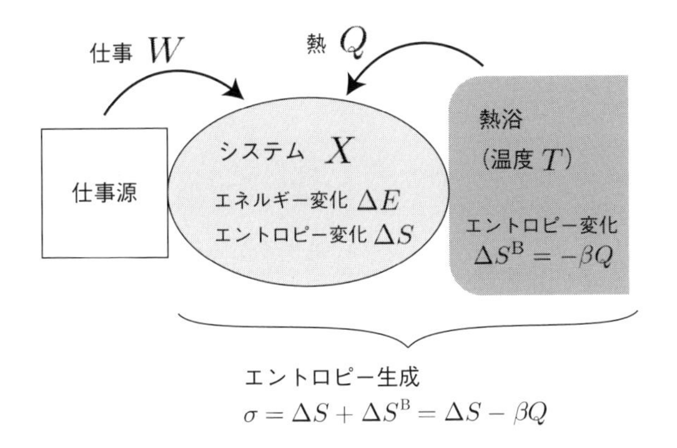

図 2.2 本節で考える熱力学系の模式図．システム X が熱浴の影響で確率的に時間発展している．熱浴の温度は一様で $T(= (k_{\mathrm{B}}\beta)^{-1})$ であり，熱浴からシステムへの吸熱を Q とする．また，仕事源がシステムにする仕事を W とする．システムと熱浴を合わせたエントロピー生成が σ である．

$\Delta E(\tau) := E(\tau) - E(0)$ に等しくなければならない（図 2.2）．すなわち，

$$\Delta E(\tau) = Q(\tau) + W(\tau) \tag{2.17}$$

である．

仕事の表式をもう少し具体的に考えてみよう．時刻 t において，エネルギー準位を E_x から E'_x に瞬間的に変化させる，という特別な場合を考える（これをクエンチと呼ぶ）．このとき，瞬間的な熱の吸収はゼロとみなせるので，システムのエネルギー変化がそのまま仕事となる．すなわち，クエンチによってシステムがされる仕事は

$$W = \sum_x P(x,t)(E'_x - E_x) \tag{2.18}$$

となる（図 2.1 も参照）．

これをふまえて，一般的な時間依存性 $E_x(t)$ の場合に戻ろう．平均エネルギー (2.15) の両辺を時間微分すると，

$$\frac{dE(t)}{dt} = \sum_x \frac{\partial P(x,t)}{\partial t} E_x(t) + \sum_x P(x,t) \frac{\partial E_x(t)}{\partial t} \tag{2.19}$$

となる．ここで，熱浴の影響で x が変動したことによるエネルギーの変化が熱に他ならない（図 2.1）．したがって，式 (2.19) の右辺第 1 項を熱と同定することができる：

$$\dot{Q}(t) := \sum_x \frac{\partial P(x,t)}{\partial t} E_x(t). \tag{2.20}$$

これは式 (2.14) の（エネルギー準位の時間変化がある場合への）一般化である．一方で，エネルギー準位自体の変化によるエネルギーの変化が仕事なので，式 (2.19) の右辺第 2 項は仕事と同定できる：

$$\dot{W}(t) := \sum_x P(x,t) \frac{\partial E_x(t)}{\partial t}. \tag{2.21}$$

これは式 (2.18) の一般化である（一般の時間依存性 $E_x(t)$ は，dt ごとの微小なクエンチの繰り返しであるとみなせる）[8]．以上をふまえると，式 (2.19) は熱力学第一法則の微分形に他ならないことがわかる [9]：

$$\frac{dE}{dt} = \dot{Q}(t) + \dot{W}(t). \tag{2.22}$$

2.4 エントロピー生成と熱力学第二法則

以上の準備のもとに，いよいよ熱力学第二法則について述べる．

2.4.1 平衡熱力学の第二法則

まずは平衡熱力学の第二法則を思い出そう．システムの初期状態と終状態を

[8] シラード・エンジン（図 1.3）のような箱の膨張による仕事も，この定式化で計算することができる．ただし箱を表すために井戸型ポテンシャルを考えるとうまくいかないため，移動させる壁のポテンシャルを線形関数などで近似する必要がある．たとえば 1 次元系を考え，壁の位置が $x = -L(< 0)$ と $x = \lambda(\geq 0)$ であるとして，操作パラメータ λ を通して右の壁を動かす場合を考えよう．ポテンシャル $V(x, \lambda)$ を，$x < -L$ で $+\infty$，$-L \leq x \leq \lambda$ で 0，$x \geq \lambda$ で $a(x - \lambda)$ とする ($a > 0$)．位置 x がカノニカル分布をしているとして，式 (2.21) に従って仕事を計算し，最後に $a \to +\infty$ の極限をとると，状態方程式から計算できるのと同じ仕事が得られる．

[9] 本書では時間微分の表記に d/dt とドット $\dot{}$ の 2 種類を使っている．この使い分けの方針はおおむね以下のとおりである：ある時刻だけに依存する物理量の全微分を d/dt で，そうではない単位時間あたりの量をドットで表している．平衡熱力学で，エネルギーの全微分は dE，熱や仕事は $d'Q$ や $d'W$ と書くのと対応している．ただし本書全体で必ずしもこの方針を徹底しているわけではない．

平衡状態とする．このときの熱力学エントロピーの変化を $\Delta S_{\rm eq}$，システムが吸収した熱量を Q として，熱浴の逆温度を β とすると，熱力学第二法則は

$$\Delta S_{\rm eq} - \beta Q \geq 0 \tag{2.23}$$

で与えられる．これはクラウジウスの不等式と呼ばれる．等号が成り立つのは準静過程のとき，つまりシステムが常に熱平衡状態にある場合である．

特に断熱過程 $(Q = 0)$ のとき，式 (2.23) はエントロピー増大則 $\Delta S \geq 0$ に帰着する．しかし熱浴がある場合は，ΔS は正にも負にもなりうる．ΔS が負になりうるのは，$Q < 0$ のとき，すなわちシステムから熱浴に熱を捨てる場合である．つまり，通常の熱力学においては，熱を捨てることによってのみシステムのエントロピーを減らすことができる．

この過程でシステムにされた仕事を W とすると，熱力学第一法則 $\Delta E = Q+W$ および $S_{\rm eq} = \beta(E - F_{\rm eq})$ に注意して，式 (2.23) は

$$W \geq \Delta F_{\rm eq} \tag{2.24}$$

と書き直すことができる．

2.4.2　非平衡系の熱力学第二法則

以上の議論を非平衡に一般化するとどうなるだろうか．2.2 節でも少し述べたように，熱力学エントロピーをシャノン・エントロピーで置き換えたクラウジウスの不等式が成り立つ．それが非平衡過程における熱力学第二法則である．すなわち，シャノン・エントロピーの変化を ΔS，2.3 節で導入したシステムが吸収した熱量を Q とすると（τ 依存性を書くのは省略する），式 (2.23) と同じ形の不等式が，初期分布や終分布が非平衡の場合でも成り立つ：

$$\Delta S - \beta Q \geq 0. \tag{2.25}$$

式 (2.25) は，情報理論的な量であるシャノン・エントロピーと，エネルギー的な量である熱が直接関係していることを示しており，第 4 章で議論する情報熱力学の出発点ともなるものである．たとえば，システムのシャノン・エントロ

ピーを減少させるには，熱を放出する必要がある：$\Delta S < 0$ ならば $Q < 0$ である．これは情報熱力学の文脈でしばしばランダウア原理と呼ばれる（4.4 節で詳しく議論する）．

式 (2.25) はマルコフ過程で成立することが示せる（マルコフジャンプ系の場合は 3.4 節で，ランジュバン系の場合は付録 B.2 で証明する）．しかしそれにとどまらず，システムと熱浴を合わせてハミルトン系として扱う場合でも成立する（3.1 節で示す）．このようなハミルトン系の設定は，システムだけに着目すると非マルコフ過程も含んでいると言える．このように，非常に幅広いクラスのダイナミクスにおいて，熱力学第二法則 (2.25) は普遍的に成り立つ．さらに 2.5 節で議論するように，適切な操作プロトコルによって等号を達成することもできる．このことが，シャノン・エントロピーを非平衡エントロピーとして用いることの妥当性を保証していると言えよう．

プリゴジン (Prigogine) は，式 (2.23) の左辺をエントロピー生成と名づけた．非平衡の場合もそれにならって，式 (2.25) の左辺

$$\sigma := \Delta S - \beta Q \tag{2.26}$$

をエントロピー生成と呼ぶ．その意味は，これがシステムと熱浴を合わせた全体のエントロピー変化になっているということである（図 2.2）．すなわち，熱浴は巨大で常に熱平衡状態近傍にあると想定されているので，熱浴のエントロピー変化 ΔS^{B} は $-\beta Q$ に等しいとみなせる[10]．ここから，全体のエントロピー変化 $\Delta S + \Delta S^{\mathrm{B}}$ は $\Delta S - \beta Q$ に等しいとみなせるわけである．すなわち，熱力学第二法則 (2.25) は，「エントロピー生成が非負である」と言い換えることができる：

$$\sigma \geq 0. \tag{2.27}$$

なお，マルコフ過程の場合は，単位時間あたりのエントロピー生成について

---

[10] これは以下のように理解することもできる．熱浴の状態を y，エネルギー準位を E_y^{B}，対応するカノニカル分布を $P_{\mathrm{can}}^{\mathrm{B}}(y) = e^{\beta(F^{\mathrm{B}} - E_y^{\mathrm{B}})}$ とする．また，カノニカル分布から微小にずれた分布を $P^{\mathrm{B}}(y) = P_{\mathrm{can}}^{\mathrm{B}}(y) + \Delta P^{\mathrm{B}}(y)$ とする．$P_{\mathrm{can}}^{\mathrm{B}}(y)$ のシャノン・エントロピーを $S_{\mathrm{can}}^{\mathrm{B}}$，$P^{\mathrm{B}}(y)$ のシャノン・エントロピーを S^{B} とすると，$\Delta P^{\mathrm{B}}(y)$ の 1 次までの範囲で $\Delta S^{\mathrm{B}} = S^{\mathrm{B}} - S_{\mathrm{can}}^{\mathrm{B}} \simeq \beta \sum_y \Delta P^{\mathrm{B}}(y) E_y^{\mathrm{B}} = -\beta Q$ となる．

第二法則が成り立つ：

$$\dot{\sigma} := \frac{dS}{dt} - \beta\dot{Q} \geq 0. \tag{2.28}$$

実際，マルコフジャンプ過程の場合は 3.4 節で，ランジュバン系の場合は付録 B でこれを証明する．ただし時間発展がマルコフ的でない場合は，初期時刻（システムと熱浴が相関していない時刻）からの時間積分 σ について，式 (2.27) が言えるのみである．非マルコフ性の効果によって，瞬間的に $\dot{\sigma}$ が負になることは実際にありえる [57].

次に，熱力学第一法則 (2.17) を用いて，仕事の観点から熱力学第二法則を述べてみよう．システムがされた仕事を W とする（再び τ を省略した）．このとき，非平衡のクラウジウスの不等式 (2.25) は

$$W \geq \Delta F \tag{2.29}$$

と書ける．ここで，非平衡自由エネルギー

$$F := E - \beta^{-1}S \tag{2.30}$$

を定義した．これは平衡自由エネルギーの場合の熱力学エントロピーを，シャノン・エントロピーで置き換えたものである．第二法則 (2.29) は初期状態や終状態が非平衡であっても成り立ち，式 (2.24) の非平衡への一般化とみなすことができる．エントロピー生成を仕事と自由エネルギーで書くと

$$\sigma = \beta(W - \Delta F) \tag{2.31}$$

である．なお，定義から明らかなように，カノニカル分布においては，F は平衡自由エネルギーに F_{eq} に一致する．さらに，一般の非平衡分布に対して，

$$F \geq F_{\mathrm{eq}} \tag{2.32}$$

が成り立つ（証明は付録 A.3 を参照）．すなわち，非平衡自由エネルギーは平衡状態で最小値をとり，平衡自由エネルギーに一致する．

さて，システムの初期状態がカノニカル分布の場合を考えよう．初期状態の自

由エネルギーを $F=F_{\rm eq}$ とする．終状態は一般に非平衡分布であり，その非平衡自由エネルギーを F' とする．また，終時刻におけるエネルギー準位から（式 (2.4) によって）定義される平衡自由エネルギーを $F'_{\rm eq}$ とする．$\Delta F := F' - F$, $\Delta F_{\rm eq} := F'_{\rm eq} - F_{\rm eq}$ としよう．式 (2.32) より $\Delta F \geq \Delta F_{\rm eq}$ なので，式 (2.29) から

$$W \geq \Delta F_{\rm eq} \tag{2.33}$$

が（終状態が非平衡であっても）成り立つことがわかる．これは後述のジャルジンスキー (Jarzynski) 等式 (3.25) から導かれるものと同じである．

2.4.3　具体例：2準位系

熱力学第二法則 (2.25) の簡単な具体例を見ておこう．2つのエネルギー準位をもつ2準位系を考える（状態は $x=0,1$）．周囲には温度 T の熱浴があるとして，図 2.3 のようなプロトコルを考える．

(i) 初期状態ではエネルギー準位は縮退していて，$E_0=E_1=0$ とする．このときの確率分布を $P(0)=p$，$P(1)=1-p$ とする．$p\neq 1/2$ ならば，これは非平衡分布である．

(ii) ここで，状態 $x=1$ のエネルギー E_1 を瞬時に ΔE へと変化させる（クエンチする）．この過程で確率分布は変わらない．

(iii) 次に，この新しいエネルギー準位のもとで，確率分布がカノニカル分布に緩和するまで待つ．緩和の後，$x=0$ の確率は $p':=1/(1+e^{-\beta\Delta E})$ となる．

(iv) 最後に，状態 $x=1$ のエネルギーをゆっくりと（準静的に）変化させ，初期エネルギー 0 へと戻す．

(v) 終状態においては，$x=0,1$ がともに 1/2 のカノニカル分布になる．

このときの熱と仕事を計算してみよう．まず，(ii) のクエンチの過程での熱はゼロで，仕事は $W_1 = (1-p)\Delta E$ である．(iii) の緩和の過程では熱は $Q_1=(1-p')\Delta E-(1-p)\Delta E=(p-p')\Delta E$ となる．

(iv) の準静過程では，分布は常にカノニカル分布であるとみなせる．このことに注意して，熱と仕事をそれぞれの定義 (2.20) と (2.21) に従って計算しよう．まず熱は，準静過程に要する時間を $t=0$ から $t=\infty$ までとして，

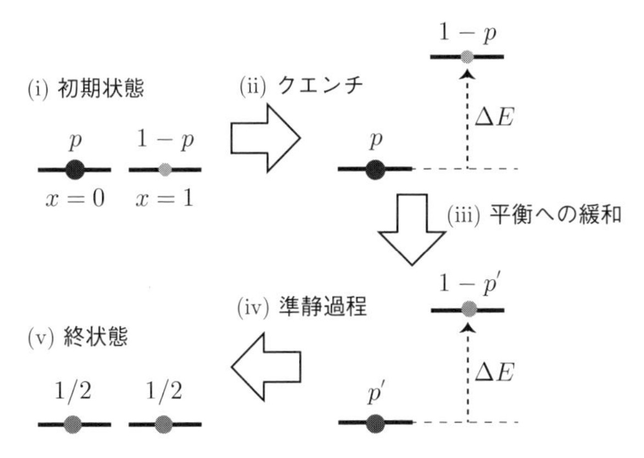

図 2.3 2 準位系の熱機関の模式図（横棒がエネルギー準位，その上の丸の濃淡と大きさが確率分布を表している）．非平衡分布 $(p, 1-p)$ から平衡分布 $(1/2, 1/2)$ へと遷移する過程で熱 Q を吸収し，仕事 $-W$ を取り出す．$p = p'$ となる（すなわち (iii) で緩和が起こらない）ような ΔE を選んだ場合に可逆となり，第二法則 (2.25) あるいは式 (2.29) の等号を達成できる．

$$
\begin{aligned}
Q_2 &= \int_0^\infty \frac{d}{dt}\left(\frac{e^{-\beta E(t)}}{1+e^{-\beta E(t)}}\right)E(t)dt \\
&= \int_{\Delta E}^0 \frac{d}{dE}\left(\frac{e^{-\beta E}}{1+e^{-\beta E}}\right)EdE \\
&= \int_{1-p'}^{1/2} \beta^{-1}\ln\frac{1-\tilde{p}}{\tilde{p}}d\tilde{p} \\
&= \beta^{-1}(H(1/2)-H(p')) \\
&= \beta^{-1}\ln\frac{2}{1+e^{-\beta\Delta E}} - \frac{e^{-\beta\Delta E}}{1+e^{-\beta\Delta E}}\Delta E
\end{aligned}
\tag{2.34}
$$

となる．ここで $\tilde{p} := e^{-\beta E}/(1+e^{-\beta E})$ と変数変換し，2 状態のシャノン・エントロピーを

$$
H(p) := -p\ln p - (1-p)\ln(1-p) \quad (= H(1-p)) \tag{2.35}
$$

とおいた．式 (2.34) の下から 2 行目から，この準静過程での熱量（に β をかけたもの）は，シャノン・エントロピーの変化に等しいことがわかる．これは平衡熱力学からも当然のことであるが，これまで議論してきた熱やエントロピーの定義と照らして確かめられたことになる．次に仕事については，

$$
\begin{aligned}
W_2 &= \int_0^\infty \frac{e^{-\beta E(t)}}{1+e^{-\beta E(t)}} \frac{dE(t)}{dt} dt \\
&= \int_{\Delta E}^0 \frac{e^{-\beta E}}{1+e^{-\beta E}} dE \\
&= [-\beta^{-1} \ln 2] - [-\beta^{-1} \ln(1+e^{-\beta \Delta E})] \\
&= -\beta^{-1} \ln \frac{2}{1+e^{-\beta \Delta E}}
\end{aligned}
\tag{2.36}
$$

となる．下から2行目から，仕事は平衡自由エネルギーの変化に等しいことがわかる．これも当然期待されたことではあるが，直接計算で確かめられた．

以上の全体のプロセスをまとめてみよう．まず熱については，

$$
Q = Q_1 + Q_2 = (p-p')\Delta E + \beta^{-1}(H(1/2) - H(p')) \tag{2.37}
$$

である．全体のシャノン・エントロピー変化は $\Delta S = H(1/2) - H(p)$ であることに注意すると，エントロピー生成は

$$
\begin{aligned}
\sigma &= \Delta S - \beta Q \\
&= H(p') - H(p) - (p-p')\beta \Delta E \\
&= p \ln \frac{p}{p'} + (1-p) \ln \frac{1-p}{1-p'} \\
&\geq 0
\end{aligned}
\tag{2.38}
$$

と計算できる．この最後から2行目は（分布 $(p, 1-p)$ と $(p', 1-p')$ の間の）KL情報量と呼ばれるものであり，非負であることが容易に示せる（付録A.3を参照）．したがって，いま考えているクエンチと準静過程のプロトコルに関する限り，エントロピー生成が非負であること，すなわち熱力学第二法則が示せた．しかし本来の第二法則 (2.27) は，このようなプロトコルに限らず，一般的な状況で成り立つことに注意しよう．なお，上記において，等号 $\sigma = 0$ が成り立つのは，$p = p'$ のときである．すなわち，初期分布 $(p, 1-p)$ がクエンチ後のカノニカル分布になるように ΔE を選んだ場合である．このことの意味については2.5節で詳しく議論する．

同様に，プロセス全体の仕事は

$$W = W_1 + W_2 = (1-p)\Delta E - \beta^{-1} \ln \frac{2}{1+e^{-\beta \Delta E}} = -Q \tag{2.39}$$

となる．ここで $W = -Q$ となることは，直接計算によっても確かめられるが，初期状態と終状態のエネルギーが等しい（すなわち $\Delta E = 0$ である）ことからも明らかである．非平衡自由エネルギーの変化は $\Delta F = -\beta^{-1} \Delta S$ となる．

2.4.4 複数の熱浴の場合

異なる温度の熱浴が複数ある場合への熱力学第二法則の一般化について，簡単に述べる．ν でラベルされた複数の熱浴があり，温度を T_ν（逆温度を $\beta_\nu := (k_{\mathrm{B}} T_\nu)^{-1}$），システムへのそれぞれの熱浴からの吸熱を Q_ν とする．

エントロピー生成の定義 (2.26) とクラウジウスの不等式 (2.25) は

$$\sigma := \Delta S - \sum_\nu \beta_\nu Q_\nu \geq 0 \tag{2.40}$$

と拡張される[11]．これは，本節の脚注 10) の議論のように，熱浴 ν におけるエントロピー変化が $-\beta_\nu Q_\nu$ とみなせることから理解できる．なお，第一法則は

$$W + \sum_\nu Q_\nu = \Delta E \tag{2.41}$$

である．ここでシステムがされる仕事を W，システムのエネルギー変化を ΔE とした．

特に，熱浴が 2 つ，$\nu = \mathrm{H}, \mathrm{L}$ であり，$T_{\mathrm{H}} > T_{\mathrm{L}}$ の場合を考えよう．サイクルで初期状態と終状態が同じとすると，$\Delta S = 0$，$\Delta E = 0$．このとき第二法則 (2.40) は

$$\frac{W_{\mathrm{ext}}}{Q_{\mathrm{H}}} \leq 1 - \frac{T_{\mathrm{L}}}{T_{\mathrm{H}}} \tag{2.42}$$

と等価である．ここで $W_{\mathrm{ext}} := -W$ はシステムから取り出した仕事，右辺はカルノー効率であり，これは熱機関の効率の上限を表すよく知られた式である．

---

11) この定義に対して第二法則 $\sigma \geq 0$ が成り立つことも，いろいろな設定で示せる．ハミルトン系の場合は 3.1 節で，マルコフジャンプ過程の場合は 3.4 節で示す．量子系でも示せる [29].

2.5 熱力学的可逆性

熱力学的可逆性という概念について，ここで少し詳しく議論しておこう．大雑把に言えば，熱力学的可逆性とは，エントロピー生成がゼロであり熱浴も含めた全系が元に戻せるということである．これは熱力学全般において重要な概念であるが，4.4節で議論するように特に情報熱力学において混乱の元ともなる場合があるので，まず本節で概念を明確にしておく．簡単のため，温度 $T\ (=(k_{\mathrm{B}}\beta)^{-1})$ の熱浴が1つだけある場合に話を限定する．

まず，平衡熱力学における熱力学的可逆性の定義を思い出そう [1]：

> ある平衡状態から別の平衡状態への遷移が熱力学的に可逆であるとは，外界に何ら影響を残すことなく，その終状態を初期状態に戻せることを言う．

熱浴が1つの場合，これが成り立つのは準静過程のとき，すなわちエントロピー生成がゼロになるときである．実際，準静過程を時間反転させた操作を行えば（つまり $E_x(\lambda(t))$ を $E_x(\lambda(\tau-t))$ にする [12)]），システムの状態が初期状態に戻るだけでなく，熱量はマイナスになるため，熱浴（外界）のエネルギーも含めて完全に元に戻る．

これをふまえて，非平衡の場合についても同様に，熱力学的可逆性を定義できる：

> ある（一般には非平衡の）分布から別の分布への遷移が熱力学的に可逆であるとは，外界に何ら影響を残すことなく，その終分布を初期分布に戻せることを言う．

非平衡状態を特徴づけるのが確率分布であることに対応して，熱力学的可逆性も確率分布のレベルで定義されていることに注意しよう [22]．

非平衡系における熱力学的可逆性は，シャノン・エントロピーによって定義

---

12) ただし，磁場のように時間反転で符号を変える操作パラメータがあれば，その符号も反転させる．

されたエントロピー生成 (2.27) がゼロの場合に達成できる．しかし非平衡の場合は，単純に「ゆっくり」操作をすればいいわけではなく，一般にはクエンチを含むようなプロトコルになる．そこで重要なのは，分布が常に熱平衡状態に近く，不可逆な緩和が起こらないようにすることである．

これをまずは 2.4 節の図 2.3 の例で具体的に見てみよう．この例においてエントロピー生成 (2.38) がゼロになるのは，$p = p'$ のときであった．先にも述べたように，これは初期分布 $(p, 1-p)$ が，クエンチ後のエネルギー準位についてのカノニカル分布に一致する場合である．言い換えるなら，(iii) で不可逆な緩和が起こらない場合である．最初のエネルギー準位のまま放っておいたら（$p \neq 1/2$ ならば）緩和は起こってしまうので，そうならないようにすばやくエネルギー準位を変える必要がある．これがクエンチが必要な理由である．

この操作が実際に可逆であることを具体的に見るために，図 2.4 に対応する逆操作を示す．これは，まず $x = 1$ のエネルギー準位を準静的に ΔE まで持ち上げてから，もとのエネルギー準位 0 にクエンチで戻すというプロトコルである．もしも $p \neq p'$ であれば，緩和（図 2.3 の (iii)）の逆過程は存在しないので，このような逆操作は存在しないことに注意しよう．

より一般の可逆なプロトコルも，同様に構成することができる．初期分布 $P(x)$ と初期エネルギー準位 E_x，終分布 $P'(x)$ と終エネルギー準位 E'_x が与えられたとしよう．これらをつなぐ可逆なプロトコルは図 2.5 のように構成できる [21].

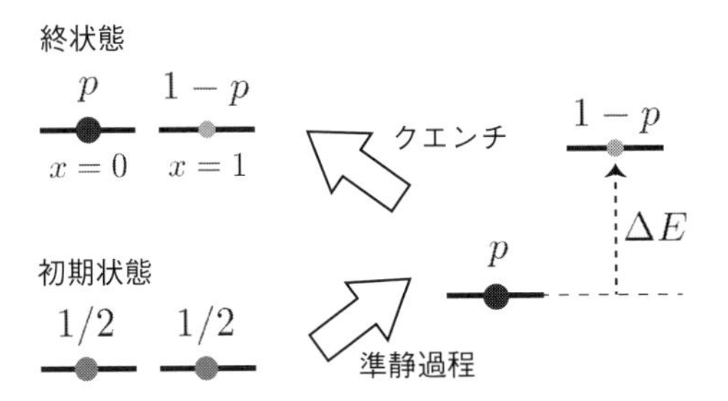

図 2.4 図 2.3 のプロトコルの逆過程（図 2.3 で $p = p'$ のときのみ可逆であり，このような逆過程が存在する）．

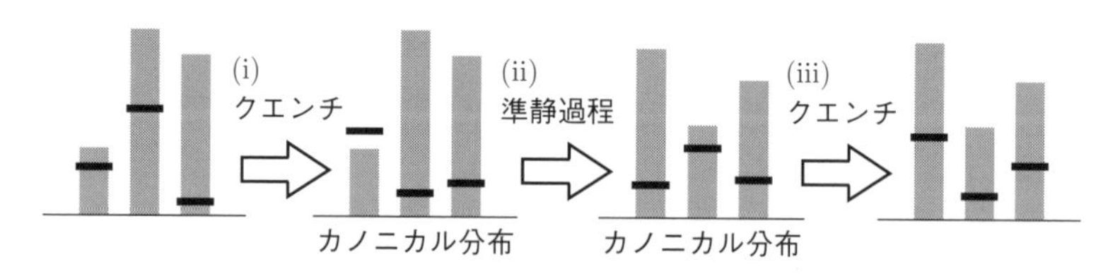

図 **2.5**　熱力学第二法則 (2.25) の等号を達成する一般的なプロトコル．水平線がエネルギー準位を表し，縦棒が確率分布を表す．

(i) まず，エネルギー準位をクエンチして $\tilde{E}_x$ にする．ここで $P(x)$ が $\tilde{E}_x$ のカノニカル分布になるように，すなわち $P(x) \propto e^{-\beta\tilde{E}_x}$ となるように $\tilde{E}_x$ を選ぶ．

(ii) 次に，エネルギー準位を準静的に $\tilde{E}'_x$ に変化させる．ここで $P'(x)$ が $\tilde{E}'_x$ のカノニカル分布になるように，すなわち $P'(x) \propto e^{-\beta\tilde{E}'_x}$ となるように $\tilde{E}'_x$ を選ぶ．

(iii) 最後に，クエンチでエネルギー準位を $\tilde{E}'_x$ から E'_x に変える．

以上のプロセスが熱力学第二法則 (2.25) の等号を達成することを確かめておこう．まず，熱がゼロでないのは (ii) の準静過程だけである．この過程で $\Delta S_{\rm eq} = \beta Q$ となることは平衡熱力学からもわかるが，2.4 節の具体例と同様の直接計算でも確かめられる [13]．また，(i) と (iii) のクエンチで分布は変化しないので，シャノン・エントロピーも当然変化しない．したがって，プロセス全体のエントロピー変化 ΔS は上記の $\Delta S_{\rm eq}$ に等しく，$\Delta S = \beta Q$ が成り立つ．すなわちエントロピー生成はゼロである．このプロトコルにおいて熱力学的可逆性が達成されたのは，クエンチによってエネルギー準位の方を変化させることで，分布が常にカノニカル分布になるようにしたからである．

---

[13] まず，式 (2.36) と同様にして仕事を計算する．$Z(t) := \sum_x e^{-\beta E_x(t)}$ として，

$$
\begin{aligned}
W &= \int_0^\infty \sum_x \frac{e^{-\beta E_x(t)}}{Z(t)} \frac{dE_x(t)}{dt} dt = -\beta^{-1} \int_0^\infty \sum_x \frac{\partial \ln Z(t)}{\partial E_x(t)} \frac{dE_x(t)}{dt} dt \\
&= -\beta^{-1} \int_0^\infty \frac{d}{dt} \ln Z(t) = F_{\rm eq}(\infty) - F_{\rm eq}(0).
\end{aligned}
\tag{2.43}
$$

ここで $F_{\rm eq}(0)$ と $F_{\rm eq}(\infty)$ は，準静過程の前後の（エネルギー準位 $\tilde{E}_x$ と $\tilde{E}'_x$ に対応した）平衡自由エネルギーである．すなわち (ii) の準静過程では $W = \Delta F_{\rm eq}$ が成り立つので，$\Delta F_{\rm eq} = \Delta E - \beta^{-1}\Delta S_{\rm eq}$ と $\Delta E = W + Q$ に注意して，$\Delta S_{\rm eq} = \beta Q$ を得る．

なお，これまでの議論では準静過程を単に無限の時間と考えていたが，ここでそのタイムスケールについて考えておく．準静過程を，「エネルギー準位を微小にクエンチし，その後カノニカル分布に緩和するまで待つ」ことを繰り返すプロセスで近似しよう．全体のプロセスに要する時間を τ とすると，クエンチの回数はそれに比例するため，1 回のクエンチの大きさは $1/\tau$ のオーダーになる．そのとき，付録 A.3 で示すように，1 回のクエンチでのエントロピー生成は $O(1/\tau^2)$ のオーダーになる．したがって，これを $O(\tau)$ 回繰り返すと，全体のエントロピー生成は $\sigma = O(1/\tau)$ となる．これは $\tau \to \infty$ で 0 に収束することが確かめられる．

さて，（準静過程において）無限の時間をかければエントロピー生成がゼロになることを見た[14)]．では，この逆はどうであろうか．すなわち，エントロピー生成をゼロにするには，必ず無限に時間をかける必要があるだろうか？　もし，有限時間でエントロピー生成がゼロになれば，有限時間で最大仕事を取り出せることになり，応用上もきわめて有用であろう．しかしこれは不可能であることが一般に証明されている．この点については 3.6 節で議論する．

熱力学と統計力学の関係

平衡熱力学はもともと，マクロな世界の現象論として定式化された．すなわち，平衡熱力学はミクロな系の詳細によらない（古典力学や量子力学を用いる必要がない）自己完結した体系である．一方で，平衡統計力学は，等重率の原理やボルツマンの公式を通して，力学（古典力学や量子力学）と熱力学を結びつける役割を果たす（ただし，平衡熱力学と平衡統計力学には，微妙な適用範囲の違いがあることに注意しておく．平衡熱力学は，平衡状態のみならず，平衡状態間の遷移を扱うことができ，遷移の途中状態は非平衡でもよい．一方で，平衡統計力学は静的な枠組みであり，時間変化しない平衡状態だけにしか適用できない）．

14) ただし本節の議論では，熱浴は 1 つであると仮定していた．熱浴が複数ある場合は微妙な点もある [1]．たとえば異なる温度の 2 つの熱浴の間を，熱伝導率の小さい物体を介して熱が流れているとしよう．ある与えられた熱量が流れるのに要する時間を τ とする（すなわち物体の熱伝導率を $O(1/\tau)$ とする）．このような場合は，温度差に従って自発的に流れた熱は（仕事をせずには）元に戻せないので，$\tau \to \infty$ の極限でも熱力学的に可逆にはならない．

しばしば「熱力学が統計力学を基礎づける」という言い方がされることがある．このときは「基礎づけ」という言葉の意味が「経験的（実験的）に検証する」と解釈されている．すなわち，マクロ系の実験で直接検証できる熱力学との整合性によって，統計力学の正しさも確かめられるわけである．

一方，これとは少し異なる「基礎づけ」もある．それは，ミクロな力学と統計力学を組み合わせて演繹的に熱力学を導く，という考え方である．このような演繹を「基礎づけ」と呼ぶかは言葉の問題ではあるが，いずれにせよ，このようなアプローチは重要である．熱力学が成り立つミクロな機構を理解できるだけでなく，従来の平衡熱力学の適用範囲を超えた理論を導くことができるかもしれないからである．

ゆらぎの熱力学がよって立つのは，まさにこのようなアプローチである．すなわち，（熱浴がカノニカル分布であるなどの）平衡統計力学の知見と，マルコフ過程などの確率過程のモデルを使って，非平衡系の熱力学のいろいろな関係式（たとえば，ゆらぎの定理）を演繹的に導くのが，ゆらぎの熱力学の理論研究のスタイルである．そうして得られた関係式は，ミクロな系の実験で検証できるだけでなく，多くの場合マクロ系にも適用できる．特別な場合として，平衡熱力学でよく知られた関係式が再現される．この意味で，現代の非平衡系の研究においては，熱力学と統計力学は一体のものとして捉えるべきである．マクロだけで閉じた体系を追求する必然性も特にないであろう．したがって本書でも，熱力学と統計力学の言葉を特段に使い分けることはしない．

第3章 ゆらぎの熱力学

第2章で議論した熱力学第二法則は，熱力学量（熱や仕事，エントロピー生成など）のアンサンブル平均についてのものであった．本章では議論を一歩進め，ゆらぐ（確率的な）熱力学量の性質について詳しく述べる．ゆらぎの定理から出発し，熱力学不確定性関係などの最新の話題まで解説する．なお，第4章の情報熱力学の議論には，本章の内容は基本的に必要ない[1]．情報熱力学に主な興味がある読者は本章を飛ばし，第4章に進まれたい．

以下で本章の構成を述べる．本章でまず焦点をあてるのは，ゆらぎの定理である．第1章でも述べたように，ゆらぎの定理とは，エントロピー生成のゆらぎの性質を特徴づける関係式であり，そこから熱力学第二法則を導出することができる．ゆらぎの定理は平衡から遠く離れた（非線形非平衡の）領域でも普遍的に成り立つという顕著な特徴をもっている．3.1節では，いろいろな形のゆらぎの定理について詳しく述べる．

一方で，伝統的な非平衡統計力学においては，平衡に近い（平衡からのずれが線形の領域の）非平衡状態を取り扱うことが多かった．そのような理論は線形応答理論として確立し，物性物理を含む多彩な分野に応用されてきた．平衡状態におけるゆらぎから，系が平衡から線形だけずれるときの応答がわかるというのが線形応答理論の特色であり，第一種揺動散逸（久保公式）がその典型的な成果である．そして線形応答理論は，ゆらぎの定理から（平衡からのずれに関する展開などによって）導くことができる．この意味で，ゆらぎの定理は線形応答理論を含んでいるのである．

ゆらぎの定理と線形応答理論の橋渡しをするために，まずは現象論的な非平

[1]ただし4.5節で3.4節の内容を用いる．

衡熱力学の枠組みを考えると見通しが良い．これはしばしば不可逆熱力学 (irreversible thermodynamics) と呼ばれる．そこで 3.2 節では，不可逆熱力学の枠組み，特に平衡近傍の線形不可逆熱力学について議論する．たとえばオンサーガーの相反定理を証明ぬきで述べる．しかし単なる橋渡しにとどまらず，線形不可逆熱力学の応用についても議論し，強結合条件や性能指数 ZT といった熱機関についての基本的な概念を導入する．特に熱電効果を例にとりながら，熱機関のパワーと効率について議論し，両者のトレードオフ関係について考える [2]．これらの点については，本章の中で 3.2 節だけ独立して読むこともできる．そして 3.3 節では，ゆらぎの定理から線形応答理論がいかに導出されるかを見る．特に，オンサーガーの相反定理と第一種揺動散逸定理の証明を行う．

3.4 節では少し話題を変えて，マルコフジャンプ過程について詳しく解説する．第 2 章および 3.3 節までの議論では，確率過程を記述する具体的な方程式を明示していなかった．3.4 節では，マルコフジャンプ過程を記述するマスター方程式を用いることで，熱力学第二法則やゆらぎの定理の証明を与える．すなわち，これまでの一般論がどう具体化されるかを見る．また 3.5 節では，マルコフジャンプ過程の応用として，非平衡定常系の熱力学を取り上げる．

最後に 3.6 節では，マルコフジャンプ過程を用いて，熱力学不確定性関係について詳しく述べる．熱力学不確定性関係とはエントロピー生成とカレント（熱流など）のトレードオフ関係であり，その重要な帰結は，非線形非平衡領域におけるパワーと効率のトレードオフ関係である．特に，有限の（ノンゼロの）パワーとカルノー効率の両立は基本的に不可能であることが証明される．

なお本章においては，3.1 節と 3.3 節を飛ばして，3.2 節と 3.4 節から必要箇所を読んだ後に，3.5 節（非平衡定常熱力学）または 3.6 節（熱力学不確定性関係）へと進むことも可能である．

---

[2] パワー (power) とは，単位時間あたりの仕事，すなわち仕事率のことである．パワーと効率のトレードオフは熱力学の重要なトピックである．準静過程でカルノー効率が達成されるときは無限の時間を要するので，単位時間あたりの仕事であるパワーはゼロになる．これは実用的に有用であるとは言えないだろう．一方で有限時間で散逸がある場合は，パワーはノンゼロになるが効率は下がる．つまり，パワーと効率にはトレードオフがあることになる．そこで，いかにしてパワーと効率の両方をできるだけ大きくするかが問題になる．3.6 節で述べる熱力学不確定性関係も，背後にそのような問題意識がある．

3.1 ゆらぎの定理

本節ではまず，ゆらぐ熱やエントロピー生成を定式化し，ゆらぎの定理のもっとも基本的な形である「詳細ゆらぎの定理」のステートメントを述べる．そこからいろいろな形のゆらぎの定理を導く．また，システムと熱浴の全系をハミルトン系として扱うという設定のもとで，ゆらぎの定理を証明する．

3.1.1 ゆらぐ熱力学量

第2章で考察したような，熱浴に接触した確率的なシステムを考える．ν でラベルされた複数の熱浴がある場合を考え，その逆温度を β_ν とする[3]．

ゆらぎの定理の定式化では，各時刻ごとのシステムの状態だけでなく，その経路 (trajectory) を考えることが重要である．すなわち，時刻 $t=0$ から τ までの間にシステムの状態 $x(t)$ が通ってきた経路を考え，それを $\boldsymbol{x}_\tau := \{x(t)\}_{t=0}^{\tau}$ と書くことにする．また，操作パラメータという概念をあらわに導入し，それを λ と書くことにしよう．すなわち，エネルギー準位 $E_x(\lambda)$ は λ で表される外場などに依存しており，$E_x(t)$ と書いていた時間依存性は $E_x(\lambda(t))$ を意味すると考える．操作パラメータの時間依存性（操作プロトコル）を $\boldsymbol{\lambda}_\tau := \{\lambda(t)\}_{t=0}^{\tau}$ と書く[4]．操作プロトコル $\boldsymbol{\lambda}_\tau$ のもとで，システムの経路 $\boldsymbol{x}_\tau$ が実現する確率密度（経路確率）を $P[\boldsymbol{x}_\tau|\boldsymbol{\lambda}_\tau]$ と書くことにする．

熱や仕事は，本来は確率的な量であり，システムの経路と操作プロトコルに依存している．そのような確率的な量を $\hat{Q}_\nu[\boldsymbol{x}_\tau,\boldsymbol{\lambda}_\tau]$，$\hat{W}[\boldsymbol{x}_\tau,\boldsymbol{\lambda}_\tau]$ のように書くことにしよう[5]．たとえば $\hat{Q}_\nu[\boldsymbol{x}_\tau,\boldsymbol{\lambda}_\tau]$ は，システムが経路 $\boldsymbol{x}_\tau$ を通る過程で熱浴 ν から吸収する熱量である．熱力学第一法則はエネルギー保存則であるので，経路レベルで成り立ち

$$E_{x(\tau)}(\lambda(\tau)) - E_{x(0)}(\lambda(0)) = \sum_\nu \hat{Q}_\nu[\boldsymbol{x}_\tau,\boldsymbol{\lambda}_\tau] + \hat{W}[\boldsymbol{x}_\tau,\boldsymbol{\lambda}_\tau] \tag{3.1}$$

[3] ここでは，3.2.1 項で議論するような化学ポテンシャルの効果は考えないが，拡張は直接的にできる．

[4] （マクスウェルのデーモンによるフィードバックなどがなければ）操作自体は決定論的に行うので，$\boldsymbol{\lambda}_\tau$ は確率変数ではない．

[5] これらの引数はしばしば書くのを省略する．なおハット記号は量子力学とは無関係．

となる．左辺のシステムのエネルギー変化は，経路全体ではなく初期状態と終状態の x と λ だけに依存していることに注意しよう．

2.3 節で議論したような熱と仕事のより具体的な表式 (2.20) や (2.21) を，個々の経路のレベルで書くこともできる．仕事については操作パラメータを通したエネルギーの変化なので，

$$\hat{W}[\boldsymbol{x}_\tau, \boldsymbol{\lambda}_\tau] := \int_0^\tau \frac{\partial E_{x(t)}(\lambda)}{\partial \lambda}\bigg|_{\lambda=\lambda(t)} \frac{d\lambda(t)}{dt} dt \tag{3.2}$$

と書ける．熱の総量 $\hat{Q} := \sum_\nu \hat{Q}_\nu$ は x の変化を通したエネルギーの変化なので同様の式が書けるが，x の変化は一般に離散的であったり微分不可能であったりするので注意が必要である．具体的な表式は，マルコフジャンプ過程の場合について 3.4 節で，ランジュバン系の場合について付録 B.2 で述べる．

一般に，経路 $\boldsymbol{x}_\tau$ と操作プロトコル $\boldsymbol{\lambda}_\tau$ に依存する物理量 $\hat{A}[\boldsymbol{x}_\tau, \boldsymbol{\lambda}_\tau]$ のアンサンブル平均を

$$\langle \hat{A} \rangle := \int D\boldsymbol{x}_\tau P[\boldsymbol{x}_\tau | \boldsymbol{\lambda}_\tau] \hat{A}[\boldsymbol{x}_\tau, \boldsymbol{\lambda}_\tau] \tag{3.3}$$

と定義する（左辺は $\boldsymbol{\lambda}_\tau$ に依存しているが，記号上は明示していない）．ここで $\int D\boldsymbol{x}_\tau$ はあらゆる経路に関する積分（経路積分）を表す [6]．熱と仕事については，式 (2.20) と (2.21) と整合しており，$Q_\nu = \langle \hat{Q}_\nu \rangle$，$W = \langle \hat{W} \rangle$ を満たす．

次に，確率的なエントロピー生成を定義しよう．まず，時刻 t における確率的なシャノン・エントロピーを

$$\hat{s}(x,t) := -\ln P(x,t) \tag{3.4}$$

と定義する．アンサンブル平均は $\langle \hat{s} \rangle = -\sum_x P(x,t) \ln P(x,t)$ となり，シャノン・エントロピーに一致する．これをふまえて，$t=0$ から τ までの確率的なエントロピー生成を

$$\hat{\sigma}[\boldsymbol{x}_\tau, \boldsymbol{\lambda}_\tau] := \hat{s}(x(\tau), \tau) - \hat{s}(x(0), 0) - \sum_\nu \beta_\nu \hat{Q}_\nu [\boldsymbol{x}_\tau, \boldsymbol{\lambda}_\tau] \tag{3.5}$$

と定義する．このアンサンブル平均は，式 (2.40) で導入したエントロピー生成

[6] 時刻を $t_k := k\Delta t$，$\Delta t := \tau/N$ と離散化すると，経路積分要素は $D\boldsymbol{x}_\tau \propto \prod_{k=0}^N dx(t_k)$ と書ける．

と一致する：$\sigma = \langle\hat{\sigma}\rangle$.

3.1.2 詳細ゆらぎの定理

ゆらぎの定理を定式化するうえで重要なのは，時間反転という概念である．x が時間反転で符号を変える変数を含んでいる場合，それを反転させたものを x^* と書こう．たとえば，x が連続変数であり，位置 r と運動量 p の組として $x = (r, p)$ と書ける場合，$x^* := (r, -p)$ である[7]．ただしマルコフジャンプ過程やオーバーダンプなランジュバン系では $x = x^*$ となる．これを用いて，経路 $x(t)$ の時間反転を $x^\dagger(t) := x^*(\tau - t)$ と定義し，$\boldsymbol{x}_\tau^\dagger := \{x^\dagger(t)\}_{t=0}^\tau$ とする．なお，$dx = dx^*$ なので，経路積分要素は $D\boldsymbol{x}_\tau = D\boldsymbol{x}_\tau^\dagger$ を満たす．

同様に，操作パラメータ λ についても時間反転 λ^* を考えることができる．たとえば $\lambda = H$ が磁場のときは，時間反転で符号を変えて $\lambda^* = -H$ となる．また，操作プロトコルの時間反転を $\lambda^\dagger(t) := \lambda^*(\tau - t)$ として，$\boldsymbol{\lambda}_\tau^\dagger := \{\lambda^\dagger(t)\}_{t=0}^\tau$ とする．

操作プロトコルが $\boldsymbol{\lambda}_\tau$ であり，システムの初期状態が $x(0)$ であるという条件のもとで，経路 $\boldsymbol{x}_\tau$ が実現する状況を考えよう．これを順過程 (forward process) といい，その経路が実現する確率密度を $P[\boldsymbol{x}_\tau | x(0), \boldsymbol{\lambda}_\tau]$ とする[8]．また，時間反転させた操作プロトコル $\boldsymbol{\lambda}_\tau^\dagger$ を行うとき，初期条件が $x^\dagger(0) := x^*(\tau)$ であるという条件のもとで，時間反転した経路 $\boldsymbol{x}_\tau^\dagger$ が実現する状況を考えることができる．これを逆過程 (backward process) といい，その経路が実現する確率密度を $P[\boldsymbol{x}_\tau^\dagger | x^\dagger(0), \boldsymbol{\lambda}_\tau^\dagger]$ とする．このような順過程と逆過程の模式図を図 3.1 に示す．

また，システムのエネルギー $E_x(\lambda)$ は x と λ の両方の時間反転のもとで変化しない，すなわち $E_x(\lambda) = E_{x^*}(\lambda^*)$ が成り立つと仮定する．これはハミルトニアンが時間反転不変であることを意味する．このとき，エネルギーの変化は経路の時間反転のもとで符号を変える：$E_{x(\tau)}(\lambda(\tau)) - E_{x(0)}(\lambda(0)) = -[E_{x^\dagger(\tau)}(\lambda^\dagger(\tau)) - E_{x^\dagger(0)}(\lambda^\dagger(0))]$．さらに，熱は経路の時間反転のもとで符号を

---

[7]時間反転で p を $-p$ にする理由は，$p = m\frac{dx}{dt}$ において t を $-t$ にすると，p が $-p$ になるからである．

[8]一般に確率変数 a と b があるとき，b という条件のもとでの a の条件つき確率を $P(a|b)$ と書く．a と b の結合確率分布を $P(a, b)$ とすると，$P(a, b) = P(a|b)P(b)$ となる．

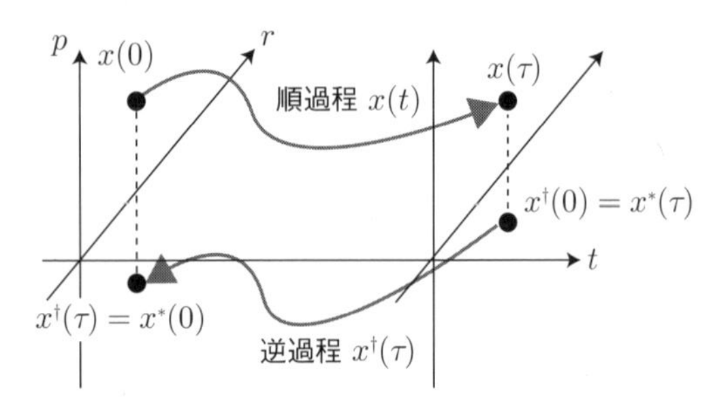

図 3.1　順過程 $x(t)$ と逆過程 $x^\dagger(t)$ の模式図．x が位置と運動量の組で $x=(r,p)$ と書け，$x^*=(r,-p)$ となる場合を示している．

変える，すなわち $\hat{Q}_\nu[\boldsymbol{x}^\dagger_\tau, \boldsymbol{\lambda}^\dagger_\tau] = -\hat{Q}_\nu[\boldsymbol{x}_\tau, \boldsymbol{\lambda}_\tau]$ が成り立つと仮定しよう．このとき，式 (3.1) により仕事も符号を変える：$\hat{W}[\boldsymbol{x}^\dagger_\tau, \boldsymbol{\lambda}^\dagger_\tau] = -\hat{W}[\boldsymbol{x}_\tau, \boldsymbol{\lambda}_\tau]$．またシャノン・エントロピー変化も符号を変えるので，エントロピー生成も同様に符号を変える：$\hat{\sigma}[\boldsymbol{x}^\dagger_\tau, \boldsymbol{\lambda}^\dagger_\tau] = -\hat{\sigma}[\boldsymbol{x}_\tau, \boldsymbol{\lambda}_\tau]$．

以上の準備のもとに，ゆらぎの定理の出発点となる局所詳細つり合い (local detailed balance) について述べよう．これは，順過程と逆過程の（初期状態で条件づけた）経路確率の比が，熱で与えられるということを主張する．すなわち，

$$\frac{P[\boldsymbol{x}^\dagger_\tau | x^\dagger(0), \boldsymbol{\lambda}^\dagger_\tau]}{P[\boldsymbol{x}_\tau | x(0), \boldsymbol{\lambda}_\tau]} = e^{\sum_\nu \beta_\nu \hat{Q}_\nu [\boldsymbol{x}_\tau, \boldsymbol{\lambda}_\tau]} \tag{3.6}$$

である [9]．これは幅広いクラスのダイナミクスに対して成立する普遍的な関係式である．3.4 節で議論するように，マルコフジャンプ過程の場合は，熱浴ごとの詳細つり合いの直接の帰結と理解できる（異なる温度の熱浴が複数あってよいので，全体として詳細つり合いは破れていてもよい）．しかし，たとえ熱浴ごとの詳細つり合いが破れていても（たとえば非保存力があっても）成立するということが重要である（非保存力があるランジュバン系の場合は付録 B.2 で議論する）．さらに，式 (3.6) はマルコフ過程に限らず成立する．たとえば 3.1.4 項で議論するように，システムと熱浴を合わせた全系をハミルトン系として扱ったときに式 (3.6) を示すことができる．すなわち，局所詳細つり合い (3.6) は，

[9] 熱浴が複数ある場合には，x の遷移がどの熱浴 ν で生じたかの履歴まで，$P[\boldsymbol{x}_\tau | x(0), \boldsymbol{\lambda}_\tau]$ の確率変数に含めるべきである（どの熱浴で遷移が起きるかは確率的である）．厳密には，そこまで含めた確率に対して，式 (3.6) が成り立つと見るべきである．後述の詳細ゆらぎの定理も同様である．

いわゆる詳細つり合いよりもはるかに一般的な関係式である.

ここから詳細ゆらぎの定理 (detailed fluctuation theorem) を導こう. まず, 順過程のシステムの初期分布を $P(x,0)$ とすると, $P[\boldsymbol{x}_\tau|\boldsymbol{\lambda}_\tau] = P[\boldsymbol{x}_\tau|x(0),\boldsymbol{\lambda}_\tau]P(x(0),0)$ である. また, 逆過程の初期分布を $P_{\mathrm{B}}(x,0)$ と書くことにすると, $P[\boldsymbol{x}_\tau^\dagger|\boldsymbol{\lambda}_\tau^\dagger] = P[\boldsymbol{x}_\tau^\dagger|x^\dagger(0),\boldsymbol{\lambda}_\tau^\dagger]P_{\mathrm{B}}(x^\dagger(0),0)$ である. ここでは逆過程の初期分布として $P_{\mathrm{B}}(x,0) := P(x^*,\tau)$ を選ぼう [10]. このとき $P_{\mathrm{B}}(x^\dagger(0),0) = P(x(\tau),\tau)$ が成り立つ. これは, 順過程が終了してから, ただちに $x(\tau)$ を $x^*(\tau)$ に反転させて逆過程を始める場合に相当する. 実験的にはこのような反転を瞬間的に行うのは現実的ではないが, 時間反転した分布を改めて用意したと考えることができる. なお, $x = x^*$ の場合は, 順過程の終時刻の分布からそのまま出発して逆過程を始めればよい. 以上の設定において, 式 (3.6) より

$$\frac{P[\boldsymbol{x}_\tau^\dagger|\boldsymbol{\lambda}_\tau^\dagger]}{P[\boldsymbol{x}_\tau|\boldsymbol{\lambda}_\tau]} = e^{-\hat{\sigma}[\boldsymbol{x}_\tau,\boldsymbol{\lambda}_\tau]} \tag{3.7}$$

が得られる. これが詳細ゆらぎの定理である [11]. すなわち, 順過程と逆過程の経路確率の比が, エントロピー生成で与えられるということである. 逆過程が起こる確率は, 順過程に比べてエントロピー生成の指数関数だけ小さいという意味で, 不可逆性を定量化していると言える.

3.1.3 いろいろなゆらぎの定理

詳細ゆらぎの定理から派生するいろいろな関係式を導こう. やや羅列的になってしまうが, これらのいくつかは歴史的には異なる文脈で独立に発見された関係式であり, 詳細ゆらぎの定理がそれらに統一的な見方を与えていると言える.

まず, エントロピー生成が特定の値 a をとる確率を, 順過程と逆過程でそれぞれ

---

[10] しかし一般には, 逆過程の初期分布の取り方には任意性がある. たとえば, システムが緩和するまで待ってから逆過程を始めることも可能である.

[11] コロイド粒子などの実験においては, エネルギーの直接測定が困難なことも多い. それでも粒子などの経路は観測できる場合は, 実験によって式 (3.7) の左辺についての情報を得て, そこから $\hat{\sigma}$ を推定し, 間接的に熱 $\hat{Q}$ を推定することができる. また理論的にも, 式 (3.7) を便宜上 $\hat{\sigma}$ の「定義式」とみなすこともある. しかし物理原理の観点からは, 熱は「熱浴のエネルギー変化」という独立した意味をもっているため, 式 (3.7) はやはり「定理」とみなすべきであろう (そのような観点からの式 (3.7) の証明を 3.1.4 項で述べる).

$$P(\hat{\sigma}=a):=\int D\boldsymbol{x}_\tau P[\boldsymbol{x}_\tau|\boldsymbol{\lambda}_\tau]\delta(\hat{\sigma}[\boldsymbol{x}_\tau,\boldsymbol{\lambda}_\tau]-a), \tag{3.8}$$

$$P_{\mathrm{B}}(\hat{\sigma}=a):=\int D\boldsymbol{x}_\tau^\dagger P[\boldsymbol{x}_\tau^\dagger|\boldsymbol{\lambda}_\tau^\dagger]\delta(\hat{\sigma}[\boldsymbol{x}_\tau^\dagger,\boldsymbol{\lambda}_\tau^\dagger]-a) \tag{3.9}$$

とする．ここで $\delta(\cdot)$ はデルタ関数である．詳細ゆらぎの定理 (3.7) を用いると

$$\begin{aligned} P(\hat{\sigma}=a) &= \int D\boldsymbol{x}_\tau P[\boldsymbol{x}_\tau^\dagger|\boldsymbol{\lambda}_\tau^\dagger]e^{\hat{\sigma}[\boldsymbol{x}_\tau,\boldsymbol{\lambda}_\tau]}\delta(\hat{\sigma}[\boldsymbol{x}_\tau,\boldsymbol{\lambda}_\tau]-a) \\ &= \int D\boldsymbol{x}_\tau^\dagger P[\boldsymbol{x}_\tau^\dagger|\boldsymbol{\lambda}_\tau^\dagger]e^{-\hat{\sigma}[\boldsymbol{x}_\tau^\dagger,\boldsymbol{\lambda}_\tau^\dagger]}\delta(-\hat{\sigma}[\boldsymbol{x}_\tau^\dagger,\boldsymbol{\lambda}_\tau^\dagger]-a) = e^a P_{\mathrm{B}}(\hat{\sigma}=-a), \end{aligned} \tag{3.10}$$

すなわち

$$\frac{P(\hat{\sigma}=a)}{P_{\mathrm{B}}(\hat{\sigma}=-a)}=e^a \tag{3.11}$$

を得る．これはクルックス (Crooks) のゆらぎの定理と呼ばれる [58]．順過程で正のエントロピー生成が得られる確率が，逆過程で負のエントロピー生成が得られる確率に比べて指数関数的に大きいことを，式 (3.7) より直接的に示している．

また，式 (3.11) から $\int daP(\hat{\sigma}=a)e^{-a}=\int daP_{\mathrm{B}}(\hat{\sigma}=-a)=1$，すなわち

$$\langle e^{-\hat{\sigma}}\rangle=1 \tag{3.12}$$

が得られる．これは積分型ゆらぎの定理 (integral fluctuation theorem) と呼ばれる [59]．なお，これは詳細ゆらぎの定理 (3.7) からも直接示すこともできる：

$$\langle e^{-\hat{\sigma}}\rangle=\int D\boldsymbol{x}_\tau P[\boldsymbol{x}_\tau|\boldsymbol{\lambda}_\tau]\frac{P[\boldsymbol{x}_\tau^\dagger|\boldsymbol{\lambda}_\tau^\dagger]}{P[\boldsymbol{x}_\tau|\boldsymbol{\lambda}_\tau]}=\int D\boldsymbol{x}_\tau^\dagger P[\boldsymbol{x}_\tau^\dagger|\boldsymbol{\lambda}_\tau^\dagger]=1. \tag{3.13}$$

最後の等式を得るのに経路確率の総和が 1 であることを用いている [12)]．

12) ここで，$P[\boldsymbol{x}_\tau|\boldsymbol{\lambda}_\tau]=0$ だが，$P[\boldsymbol{x}_\tau^\dagger|\boldsymbol{\lambda}_\tau^\dagger]\neq 0$ となる $\boldsymbol{x}_\tau$ があるときは注意が必要である．このとき式 (3.13) は

$$\langle e^{-\hat{\sigma}}\rangle=\int_{P[\boldsymbol{x}_\tau|\boldsymbol{\lambda}_\tau]\neq 0} D\boldsymbol{x}_\tau P[\boldsymbol{x}_\tau|\boldsymbol{\lambda}_\tau]\frac{P[\boldsymbol{x}_\tau^\dagger|\boldsymbol{\lambda}_\tau^\dagger]}{P[\boldsymbol{x}_\tau|\boldsymbol{\lambda}_\tau]}=1-\lambda_{\mathrm{irr}} \tag{3.14}$$

となり，補正項 $\lambda_{\mathrm{irr}}:=\int_{P[\boldsymbol{x}_\tau|\boldsymbol{\lambda}_\tau]=0}D\boldsymbol{x}_\tau^\dagger P[\boldsymbol{x}_\tau^\dagger|\boldsymbol{\lambda}_\tau^\dagger]$ が現れる [60, 61]．このような効果は絶対不可逆性 (absolute irreversibility) と呼ばれることがある．典型的な例としては気体の自由拡散がある．たとえば（シラード・エンジンのような箱に入った）1 粒子気体を考える．初期状態では，中央で仕切られた箱の左側だけに粒子が入っているとして，仕切りを取り外して気体の体積を 2 倍にする．この逆過程は仕切りの挿入だが，挿入後に右側に粒子がある確率は 1/2 である．したがって $\lambda=1/2$ となる．なお，後述の式 (3.18) のように $\langle\hat{\sigma}\rangle$ を考えるときは対数があるために，$P[\boldsymbol{x}_\tau|\boldsymbol{\lambda}_\tau]=0$ の部分を分けて考える必要はなく，第二法則 $\langle\hat{\sigma}\rangle\geq 0$ も常に成り立つ．ただし式 (3.14) に凸不等式を適用すると，$\langle\hat{\sigma}\rangle\geq-\ln(1-\lambda_{\mathrm{irr}})\geq 0$ という通常の第二法則よりも強い不等式を得ることができる．本書では以後，簡単のために，特に断りのない限り，$\lambda_{\mathrm{irr}}=0$ を仮定しておく．

ここで式 (3.12) を少し一般化した式を示しておこう．$\hat{A}[\boldsymbol{x}_\tau]$ を任意の物理量（経路の関数）とする．これに対して

$$\int D\boldsymbol{x}_\tau P[\boldsymbol{x}_\tau|\boldsymbol{\lambda}_\tau]\hat{A}[\boldsymbol{x}_\tau]e^{-\hat{\sigma}[\boldsymbol{x}_\tau,\boldsymbol{\lambda}_\tau]} = \int D\boldsymbol{x}_\tau^\dagger P[\boldsymbol{x}_\tau^\dagger|\boldsymbol{\lambda}_\tau^\dagger]\hat{A}[\boldsymbol{x}_\tau] \tag{3.15}$$

が成り立つ．この右辺を $\langle\hat{A}\rangle^\dagger$ と書くことにすると，

$$\langle\hat{A}e^{-\hat{\sigma}}\rangle = \langle\hat{A}\rangle^\dagger \tag{3.16}$$

を得る．これは川崎表現と呼ばれることがある．$\hat{A}=1$ の場合が積分型ゆらぎの定理 (3.12) である．特に，$\hat{A}$ が終時刻の状態だけに依存して $\hat{A}(x(\tau))$ と書け，さらに $\hat{A}(x)=\hat{A}(x^*)$ という時間反転対称性を満たす場合，$x^*(\tau)=x^\dagger(0)$ に注意して，

$$\langle\hat{A}\rangle^\dagger = \int dx^\dagger(0)P_{\mathrm{B}}(x^\dagger(0),0)\hat{A}(x^\dagger(0)) \tag{3.17}$$

となる．すなわち，逆過程の初期分布での平均になる．川崎表現 (3.16) は，3.3.2 項で線形応答理論の久保公式の導出に用いる．

積分型ゆらぎの定理 (3.12) から第二法則を示しておこう．指数関数は下に凸なので，凸不等式 $\langle e^{-\hat{\sigma}}\rangle \geq e^{-\langle\hat{\sigma}\rangle}$ が成り立ち [13)]，第二法則 $\langle\hat{\sigma}\rangle \geq 0$ を得る．実はこれは詳細ゆらぎの定理 (3.7) から，より直接的に

$$\langle\hat{\sigma}\rangle = \int D\boldsymbol{x}_\tau P[\boldsymbol{x}_\tau|\boldsymbol{\lambda}_\tau]\ln\frac{P[\boldsymbol{x}_\tau|\boldsymbol{\lambda}_\tau]}{P[\boldsymbol{x}_\tau^\dagger|\boldsymbol{\lambda}_\tau^\dagger]} \geq 0 \tag{3.18}$$

と得ることもできる．ここで中辺は順経路確率 $P[\boldsymbol{x}_\tau|\boldsymbol{\lambda}_\tau]$ と逆経路確率 $P[\boldsymbol{x}_\tau^\dagger|\boldsymbol{\lambda}_\tau^\dagger]$ の KL 情報量（付録 A.3 の式 (A.31)）であり，したがって非負である．この意味でエントロピー生成 $\langle\hat{\sigma}\rangle$ は順過程と逆過程の経路確率の間の「距離」であり，まさに不可逆性の指標であると言えるだろう．なお，これは河合・パロンド・ブロック (Kawai-Parrondo-Broeck, KPB) の式と呼ばれることがある [60]．

また，積分型ゆらぎの定理 (3.12) を $\ln\langle e^{-\hat{\sigma}}\rangle=0$ と書き直し，左辺を $\hat{\sigma}$ につ

13) 任意の下に凸な関数 f と，確率分布 $P(x)$ および実数 $A(x)$ に対して，$\sum_x P(x)f(A(x)) \geq f\left(\sum_x P(x)A(x)\right)$ が成り立つ（「関数に入れてから平均をとる」ときと「平均をとってから関数に入れる」ときの大小関係であり，図を描いてみればわかる）．これは凸不等式，あるいはイェンセン (Jensen) の不等式と呼ばれる．

いて展開すると[14]，$-\langle\hat{\sigma}\rangle + (\langle\hat{\sigma}^2\rangle - \langle\hat{\sigma}\rangle^2)/2 + \cdots = 0$ となる．左辺の展開が 2 次で打ち切れるとすると（$\hat{\sigma}$ がガウス分布のときこれは厳密になる），

$$\langle\hat{\sigma}\rangle \simeq \frac{1}{2}(\langle\hat{\sigma}^2\rangle - \langle\hat{\sigma}\rangle^2) \geq 0 \tag{3.19}$$

となる．エントロピー生成の期待値（散逸）とその分散（ゆらぎ）を関係づける式であるため，ある種の揺動散逸定理とみなされる．

キュムラント生成関数を使ったゆらぎの定理の表現も見ておこう [62]．エントロピー生成 $\hat{\sigma}$ のキュムラント生成関数は，χ を実変数として

$$\Phi(\chi) := -\ln\langle e^{-\chi\hat{\sigma}}\rangle \tag{3.20}$$

で与えられる．この χ 微分が $\hat{\sigma}$ のキュムラントを与える．具体的には，

$$\langle\hat{\sigma}\rangle = \frac{\partial\Phi}{\partial\chi}(0), \quad \langle\hat{\sigma}^2\rangle - \langle\hat{\sigma}\rangle^2 = -\frac{\partial^2\Phi}{\partial\chi^2}(0), \quad \cdots \tag{3.21}$$

といった具合である．ゆらぎの定理はキュムラント生成関数の対称性として表すことができる．式 (3.16) に $\hat{A}[\boldsymbol{x}_\tau] := e^{(-\chi+1)\hat{\sigma}[\boldsymbol{x}_\tau, \boldsymbol{\lambda}_\tau]}$ を代入する．また，逆過程のキュムラント生成関数を $\Phi^\dagger(\chi) := -\ln\int D\boldsymbol{x}_\tau^\dagger P(\boldsymbol{x}_\tau^\dagger|\boldsymbol{\lambda}_\tau^\dagger)e^{-\chi\hat{\sigma}[\boldsymbol{x}_\tau^\dagger, \boldsymbol{\lambda}_\tau^\dagger]}$ として，$\hat{\sigma}[\boldsymbol{x}_\tau, \boldsymbol{\lambda}_\tau] = -\hat{\sigma}[\boldsymbol{x}_\tau^\dagger, \boldsymbol{\lambda}_\tau^\dagger]$ に注意すると，

$$\Phi(\chi) = \Phi^\dagger(1-\chi) \tag{3.22}$$

を得る．特に，時間反転で符号を変える操作パラメータ（磁場など）が存在しない場合，定常状態（操作パラメータが時間依存せず，確率分布も時間変化しない場合）においては，順過程と逆過程の区別がないので $\Phi(\chi) = \Phi(1-\chi)$ が成り立つ．これは 3.3.1 項でオンサーガー (Onsager) の相反定理の証明に用いる．なお，積分型ゆらぎの定理 (3.12) は $\Phi(1) = 0$ と書き換えられることに注意しよう．

さて，詳細ゆらぎの定理 (3.7) のところで，逆過程の初期分布の選び方には任意性があると述べた．ここで，式 (3.7) を導いたのとは異なる選び方をしてみよう．

[14] これは後述のキュムラント展開の一種だとみなせる．なお，キュムラントについては付録 A.5 で解説する．

熱浴は1つしかないと仮定する．また，エネルギー準位（ハミルトニアン）は時間反転について対称であると仮定する：$E_x(\lambda) = E_{x^*}(\lambda^*)$．対応するカノニカル分布を $P_{\rm can}(x;\lambda) := e^{\beta(F_{\rm eq}(\lambda)-E_x(\lambda))}$ と定義すると，$P_{\rm can}(x;\lambda) = P_{\rm can}(x^*;\lambda^*)$ である．

まず，順過程の初期分布をカノニカル分布 $P(x(0),0) := P_{\rm can}(x(0);\lambda(0))$ にとる．順過程の終分布 $P(x(\tau),\tau)$ はカノニカル分布とは限らないとする．一方で，逆過程の初期分布 $P_{\rm B}(x^\dagger(0),0) := P_{\rm can}(x^\dagger(0);\lambda^\dagger(0))$ はカノニカル分布であるとする（実験的には，逆過程を始めるときに緩和するまで待ってから始めるということである）．ここでエネルギー準位の時間反転対称性より $P_{\rm B}(x^\dagger(0),0) = P_{\rm can}(x(\tau);\lambda(\tau))$ となる．以上の順過程と逆過程に対応するエントロピー生成を

$$
\begin{aligned}
\hat{\sigma}_{\rm w}[\boldsymbol{x}_\tau,\boldsymbol{\lambda}_\tau] &:= -\ln P_{\rm B}(x^\dagger(0),0) + \ln P(x(0),0) - \beta\hat{Q}[\boldsymbol{x}_\tau,\boldsymbol{\lambda}_\tau] \\
&= \beta(\hat{W}[\boldsymbol{x}_\tau,\boldsymbol{\lambda}_\tau] - \Delta F_{\rm eq})
\end{aligned}
\tag{3.23}
$$

と定義する．ここで $\Delta F_{\rm eq} := F_{\rm eq}(\lambda(\tau)) - F_{\rm eq}(\lambda(0))$ とした．なお，もしも順過程の終状態もカノニカル分布であるとしたら，$\hat{\sigma}_{\rm w} = \hat{\sigma}$ となる．このような順過程と終過程の初期状態の取り方に対しては，詳細ゆらぎの定理 (3.7) は

$$
\frac{P[\boldsymbol{x}_\tau^\dagger|\boldsymbol{\lambda}_\tau^\dagger]}{P[\boldsymbol{x}_\tau|\boldsymbol{\lambda}_\tau]} = e^{-\hat{\sigma}_{\rm w}[\boldsymbol{x}_\tau,\boldsymbol{\lambda}_\tau]}
\tag{3.24}
$$

となる．対応して，上記で議論したいろいろな派生的ゆらぎの定理も，$\hat{\sigma}_{\rm w}$ について成り立つ．特に，積分型ゆらぎの定理 (3.12) は

$$
\langle e^{-\beta\hat{W}} \rangle = e^{-\beta\Delta F_{\rm eq}}
\tag{3.25}
$$

となる．これはジャルジンスキー (Jarzynski) 等式と呼ばれる [63]．ここから，指数関数の凸性を用いて得られる不等式は，順過程の終状態がカノニカル分布であることを仮定していないことも含めて，2.4 節の式 (2.33) と同じである．

ジャルジンスキー等式 (3.25) はしばしば平衡自由エネルギーの推定に用いられる．準静的なプロトコルに対しては $\Delta F_{\rm eq} = \langle \hat{W} \rangle$ によって，仕事の計測から自由エネルギー変化を推定することができる．一方，式 (3.25) すなわち

$\Delta F_{\rm eq} = -\beta^{-1}\ln\langle e^{-\beta\hat{W}}\rangle$ を用いて推定することのメリットは，プロトコルが準静的でなくてもよく，終状態も緩和するまで待たなくてよいことである．そのかわり，多数の試行をしてアンサンブル平均をとる必要がある．両者の中間的な推定方法としては，キュムラント展開 (3.19) に相当する $\Delta F_{\rm eq} \simeq \langle\hat{W}\rangle - \beta(\langle\hat{W}^2\rangle - \langle\hat{W}\rangle^2)/2$ を用いた推定である．以上の推定方法の比較は，たとえば生体高分子を用いた実験によって行われている [36].

3.1.4　ハミルトン系でのゆらぎの定理の導出

詳細ゆらぎの定理は，マルコフジャンプ系（3.4 節）やランジュバン系（付録 B）で成り立つが，より広く非マルコフ過程などでも成立する．このことの本質は，詳細ゆらぎの定理がハミルトン系の性質だということである．すなわち，いろいろな確率過程はシステムと熱浴の全系を考えるとハミルトン系になっていると考えられるため [15)]，ハミルトン系の普遍的な性質が確率過程にも受け継がれていると考えられる．本節ではハミルトン系における証明 [64] の概略を述べる．

詳細ゆらぎの定理の証明において，本質的な仮定は以下の 2 つである．

- システムと熱浴を合わせた全系がハミルトン系である：時間反転について可逆で，相空間体積が不変（リウヴィル (Liouville) の定理）．
- 順過程でも逆過程でも，熱浴の初期状態がカノニカル分布である（初期分布以外はカノニカル分布とは仮定しない）．

システムの状態を x，熱浴 ν の状態を z_ν とし，$z := (z_1, z_2, \cdots)$ とする．また，全系のハミルトニアンは時間反転対称とする．すなわち，操作パラメータを含めて $H(x, z, \lambda)$ を全系のハミルトニアンとすると，$H(x, z, \lambda) = H(x^*, z^*, \lambda^*)$ とする [16)]．ただし熱浴のハミルトニアンは λ に依存しないとする．

---

15) たとえば，ランジュバン方程式を導出するハミルトン系のモデルとして，カルデラ・レゲット (Caldeira-Leggett)・モデルがある [65]．マルコフジャンプ過程についても，ボルン・マルコフ近似などによって量子マスター方程式を導き，そこでコヒーレンスが無視できて古典的に扱える領域を考える，といった系統的な手続きで導けることが少なくない [34].

16) ハミルトン系の場合は，x は位置と運動量の両方を含み，x^* はそのうち運動量にマイナスをつけたものである．ここから $dx = dx^*$ が従う．z についても同様．

まず順過程を考える．システムの初期分布（確率密度）を $P(x(0))$ として [17]，熱浴の初期分布をカノニカル分布 $P_{\mathrm{B,can}}(z(0)) := \prod_\nu e^{\beta_\nu (F_{\mathrm{eq},\nu} - E^{(\nu)}_{z_\nu(0)})}$ とする．ここで $E^{(\nu)}_{z_\nu}$ は熱浴 ν のエネルギー準位であり，$E^{(\nu)}_{z_\nu} = E^{(\nu)}_{z^*_\nu}$ を満たすとする．全系の初期状態は $P(x(0))P_{\mathrm{B,can}}(z(0))$ で，システムと熱浴は独立とする．時刻 0 から τ までのシステムと熱浴の経路 $\boldsymbol{x}_\tau$，$\boldsymbol{z}_\tau$ は，初期条件 $(x(0), z(0))$ のみによって決まる．したがって

$$P[\boldsymbol{x}_\tau, \boldsymbol{z}_\tau | \boldsymbol{\lambda}_\tau] D\boldsymbol{x}_\tau D\boldsymbol{z}_\tau = P(x(0)) P_{\mathrm{B,can}}(z(0)) dx(0) dz(0) \tag{3.26}$$

と書ける．ここで $D\boldsymbol{x}_\tau D\boldsymbol{z}_\tau$ は，$dx(0)dz(0)$ から出発して経路に沿って（リウヴィルの定理により体積を保存したまま）時間方向に伸びたチューブ状の領域の経路積分要素である．

次に逆過程を考えよう．逆過程の初期状態を $\bar{x}(0)$，$\bar{z}(0)$，経路を $\bar{\boldsymbol{x}}_\tau$，$\bar{\boldsymbol{z}}_\tau$ とする．逆過程のシステムの初期分布を $P_{\mathrm{B}}(\bar{x}(0))$，熱浴の初期分布を $P_{\mathrm{B,can}}(\bar{z}(0))$ とする．逆過程のもとでは時間反転操作 $\boldsymbol{\lambda}^\dagger_\tau$ を採用すると，

$$P[\bar{\boldsymbol{x}}_\tau, \bar{\boldsymbol{z}}_\tau | \boldsymbol{\lambda}^\dagger_\tau] D\bar{\boldsymbol{x}}_\tau D\bar{\boldsymbol{z}}_\tau = P_{\mathrm{B}}(\bar{x}(0)) P_{\mathrm{B,can}}(\bar{z}(0)) d\bar{x}(0) d\bar{z}(0) \tag{3.27}$$

ここで，特に逆過程の初期条件として $\bar{x}(0) := x^\dagger(0)(:= x^*(\tau))$，$\bar{z}(0) := z^\dagger(0)(:= z^*(\tau))$ をとる．このとき，ハミルトン系の時間反転対称性により $\bar{\boldsymbol{x}}_\tau = \boldsymbol{x}^\dagger_\tau$，$\bar{\boldsymbol{z}}_\tau = \boldsymbol{z}^\dagger_\tau$ が成り立つ．さらにリウヴィルの定理 [18] より，$D\bar{\boldsymbol{x}}_\tau D\bar{\boldsymbol{z}}_\tau = D\boldsymbol{x}^\dagger_\tau D\boldsymbol{z}^\dagger_\tau (= D\boldsymbol{x}_\tau D\boldsymbol{z}_\tau)$ が成り立つ．すなわち，順過程で $dx(0)dz(0)$ から出発して時間方向に伸びたチューブ状の領域と，逆過程で $dx^\dagger(0)dz^\dagger(0)$ から出発した領域が，運動量の反転を除いて一致するということである．したがって式 (3.27) より

$$P[\boldsymbol{x}^\dagger_\tau, \boldsymbol{z}^\dagger_\tau | \boldsymbol{\lambda}^\dagger_\tau] D\boldsymbol{x}^\dagger_\tau D\boldsymbol{z}^\dagger_\tau = P_{\mathrm{B}}(x^\dagger(0)) P_{\mathrm{B,can}}(z^\dagger(0)) dx^\dagger(0) dz^\dagger(0) \tag{3.28}$$

を得る．式 (3.26) と (3.28) の両辺の比をとると，再びリウヴィルの定理より $dx^\dagger(0)dz^\dagger(0) = dx(0)dz(0)$ に注意して

---

[17] これまで $P(x(0), 0)$ と書いていたが，2 つ目の時刻の添え字を省略した．

[18] ハミルトン系では相空間の体積が保存するという定理．いまの場合は，任意の t について $dx(t)dz(t) = dx(0)dz(0)$ を意味する．

$$\frac{P[\boldsymbol{x}_\tau^\dagger, \boldsymbol{z}_\tau^\dagger | \boldsymbol{\lambda}_\tau^\dagger]}{P[\boldsymbol{x}_\tau, \boldsymbol{z}_\tau | \boldsymbol{\lambda}_\tau]} = e^{-\hat{\sigma}} \tag{3.29}$$

を得る．ここで $\hat{\sigma} := -\ln P_{\mathrm{B}}(x^\dagger(0)) + \ln P(x(0)) - \sum_\nu \beta_\nu \hat{Q}_\nu$ はエントロピー生成[19]であり，$\hat{Q}_\nu := E^{(\nu)}_{z_\nu(0)} - E^{(\nu)}_{z_\nu(\tau)}$ はシステムが熱浴 ν から吸収した熱量である[20]．式 (3.29) は詳細ゆらぎの定理 (3.7) に近い形になっている．ここで，システムの吸熱はシステムの経路 $\boldsymbol{x}_\tau$ だけに依存すると仮定すると，左辺の確率分布は $P[\boldsymbol{x}_\tau|\boldsymbol{\lambda}_\tau]$ と $P[\boldsymbol{x}_\tau^\dagger|\boldsymbol{\lambda}_\tau^\dagger]$ に置き換えることができ[21]，式 (3.7) を得る．この仮定は，熱浴が 1 つの場合には式 (3.1) および (3.2) から妥当であり，実際にマルコフジャンプ系やランジュバン系では満たされている（3.4 節と付録 B を参照）．熱浴が複数の場合には，$\boldsymbol{x}_\tau$ に加えて，「どの熱浴の影響でシステムに遷移が起きたか」の情報を $P[\boldsymbol{x}_\tau|\boldsymbol{\lambda}_\tau]$ に残しておく必要がある（このことの具体的な意味は，マルコフジャンプ過程の場合について 3.4 節で具体的に述べる）．

ゆらぎの定理の歴史

歴史的には，ゆらぎの定理は散逸力学系で 1993 年エヴァンス・コーエン・モリス (Evans, Cohen, Morriss) によって最初に発見された [66]．その後，それとは独立にハミルトン系のジャルジンスキー等式が 1997 年に発見された [63]．両者が本質的には同じものであることが理解されるようになるにつれ，ゆらぎの定理がハミルトン系で成り立つことの重要性が認識されるようになってきた．一方で，実験などと直接結びつくのがマルコフ過程の場合であったこともあり，マルコフ過程がゆらぎの熱力学の中心的な研究対象になっている．なお，ランジュバン系の場合は，関本によるゆらぎのエネルギー論 (stochastic energetics) という先駆的な仕事もある [19]．

またゆらぎの定理は，量子系においても同じ形で成立する．特に本節で述べた古典ハミルトン系の設定に対応するのは，システムと熱浴をあわせ

[19] 逆過程の初期分布 $P_{\mathrm{B}}(x^\dagger(0))$ の取り方により，式 (3.5) と (3.23) の両方の場合を含む．

[20] 厳密には，相互作用エネルギーの変化は無視できるとした．初期状態と終状態で相互作用ハミルトニアンが 0 になるように操作パラメータを設定しておけばよい．

[21] 式 (3.11) を導いたときと同様にして，デルタ関数をはさんで $\boldsymbol{z}_\tau$ を積分すればよい（ここでは特定の経路の積分要素を考えるわけではないので，リウヴィルの定理は用いない）．

てユニタリ時間発展する状況を考え，熱浴の初期状態をカノニカル分布と仮定する場合である．詳細は文献 [29,30] を参照．量子系のゆらぎの定理は，超伝導量子ビットなどのいろいろな量子デバイスで実験的にも検証されている．なお，熱浴の初期状態がカノニカル分布であるという仮定を外し，単一のエネルギー固有状態だとしても，固有状態熱化仮説 (ETH) を用いればゆらぎの定理を示すことができる [67,68].

しかし厳密に言えば，ゆらぎの定理は 1993 年に本当に最初に発見されたわけではないのかもしれない．類似の関係式は，川崎をはじめとする数人の研究者 [69,70] によって 1970 年代ごろに発見されていたことは注記されるべきだろう．

3.2 不可逆熱力学の枠組み

本節では，ゆらぎの定理と（次節で述べる）線形応答理論の橋渡し的な位置づけとして，いわゆる不可逆過程の熱力学の枠組みについて述べる．不可逆熱力学は，エントロピー生成をカレント（熱流など，何らかの物理量の流れ）とアフィニティ（温度差など，何らかの熱力学的駆動力）の積で書くという定式化である．特に線形領域においてオンサーガー係数を定義し，相反定理について述べる．

また本節は単なる橋渡しにとどまらず，線形不可逆熱力学の応用として，線形領域における熱機関のパワーと効率の関係を議論する．強結合条件や性能指数 ZT など，熱機関の効率を議論するうえで重要な概念についても述べる．

なお本節では，典型例として熱電効果のような設定を念頭に置いて話を進める．しかし不可逆熱力学の枠組みはこれに限定されることなく，非常に一般的である．

3.2.1 化学ポテンシャル

本節の設定では，カレントとして熱流および粒子流（熱電効果の場合は電流）を考える．そこでまずは準備として，熱浴が粒子浴の役割も果たしている場合を考え，粒子流を駆動するアフィニティ（熱力学力）である化学ポテンシャルを導入しよう．すなわち，システムと熱浴はエネルギーだけでなく粒子を交換し，粒子数は全体で保存しているとする．これは熱浴がグランドカノニカル分布である場合に相当する．なお，本節では操作パラメータは時間に依存しないとする．

熱浴のラベルを ν として，逆温度を β_ν $(= (k_{\mathrm{B}} T_\nu)^{-1})$ とし [22]，化学ポテンシャルを μ_ν とする．簡単のためシステムのエネルギー準位は変化しないとする．システムが熱浴 ν から吸収したエネルギーを ΔE_ν，粒子数を ΔN_ν とする．ΔE_ν は 2.3 節の式 (2.20) の Q と同じ式で定義されるが，いまは熱浴 ν の放出した熱量とは一致しないことを後で見る．熱浴がグランドカノニカル分布のとき，2.4 節の脚注 10) と同様にして，熱浴 ν のエントロピー変化は $-\beta_\nu(\Delta E_\nu - \mu_\nu \Delta N_\nu)$ とみなせる．したがって，全系のエントロピー生成は

$$\sigma := \Delta S - \sum_\nu \beta_\nu(\Delta E_\nu - \mu_\nu \Delta N_\nu) \tag{3.30}$$

となる．ここで ΔS はシステムのシャノン・エントロピーの変化である．この定義に対して第二法則 $\sigma \geq 0$ が成り立つことは，カノニカル分布の場合と同様にして多くの設定で示すことができる [71]．

さて，エネルギー準位を変化させていないので，式 (2.21) の意味での仕事はゼロとなる．しかし，いまの設定では，それとは別に化学ポテンシャル勾配が粒子にする仕事を考える必要がある．典型的な状況として電子系を考えると，化学ポテンシャル勾配が電位差によって生じているとき，電場が電子にする仕事に相当する．このような仕事は熱浴 ν について $\mu_\nu \Delta N_\nu$ で，全体として

$$W := \sum_\nu \mu_\nu \Delta N_\nu =: -W_{\mathrm{ext}} \tag{3.31}$$

と定義できる．W_{ext} はシステムから取り出した仕事であり，たとえば電子が電

22) しばらくはボルツマン定数はあらわに書かないことにする．

場に逆らってした仕事である．各熱浴 ν ごとに第一法則が成り立つとすると，熱浴 ν が放出する熱量は

$$Q_\nu := \Delta E_\nu - \mu_\nu \Delta N_\nu \tag{3.32}$$

となる [71]．全体の熱力学第一法則は，$\Delta E := \sum_\nu \Delta E_\nu$，$Q := \sum_\nu Q_\nu$ を用いて $Q + W = \Delta E$ と書ける．

ここで簡単のために，熱浴が 2 つだけ $(\nu = \mathrm{l}, \mathrm{r})$ の場合を考え，$\beta_\mathrm{l} < \beta_\mathrm{r}$（すなわち $\nu = \mathrm{l}$ が高温）とする．また，以下ではシステムは時間変化しない定常状態にあると仮定する．このとき，単位時間あたりにシステムに流入するエネルギーを $J_E := \dot{E}_\mathrm{l} = -\dot{E}_\mathrm{r}$，粒子数を $J_N := \dot{N}_\mathrm{l} = -\dot{N}_\mathrm{r}$ とする．ここで $\dot{E}_\mathrm{l}$，$\dot{E}_\mathrm{r}$ は ΔE_l，ΔE_r の短時間極限を dt でわったもので，$\dot{N}_\mathrm{l}$，$\dot{N}_\mathrm{r}$ も同様である．これらに対応するアフィニティを，それぞれ $F_E := \beta_\mathrm{r} - \beta_\mathrm{l}$，$\tilde{F}_N := \beta_\mathrm{l}\mu_\mathrm{l} - \beta_\mathrm{r}\mu_\mathrm{r}$ とする．定常状態ではシステムのシャノン・エントロピーも変化しないので，単位時間あたりのエントロピー生成は

$$\dot{\sigma} = J_E F_E + J_N \tilde{F}_N \tag{3.33}$$

で与えられる．これはカレントとアフィニティの積になっている（ペアとなるカレントとアフィニティは共役であるという）．第二法則は $\dot{\sigma} \geq 0$ であり，マルコフ過程で示すことができる．

次に，カレントをエネルギー流から熱流に変換してみよう．$\nu = \mathrm{l}$（高温側）の熱浴から放出される熱量は，単位時間あたりの Q_l なので $J_Q := J_E - \mu_\mathrm{l} J_N$ で与えられる．これを使うと式 (3.33) は

$$\dot{\sigma} = J_Q F_Q + J_N F_N \tag{3.34}$$

と書き直せる．ここでアフィニティ $F_Q := \beta_\mathrm{r} - \beta_\mathrm{l}\ (= F_E)$，$F_N := \beta_\mathrm{r}(\mu_\mathrm{l} - \mu_\mathrm{r})$ を導入した．このように，エントロピー生成をカレントとアフィニティの積で表す方法は一意ではない．

粒子がする単位時間あたりの仕事（仕事率あるいはパワー）は $P := \dot{W}_\mathrm{ext} = (\mu_\mathrm{r} - \mu_\mathrm{l}) J_N = -J_N F_N / \beta_\mathrm{r}$ である．したがって熱効率 η は

$$\eta := \frac{P}{J_Q} = -\frac{J_N F_N}{J_Q \beta_{\mathrm{r}}} \tag{3.35}$$

で与えられる．ここで第二法則 $\dot{\sigma} \geq 0$ を用いると，カルノー限界

$$\eta \leq 1 - \frac{\beta_{\mathrm{l}}}{\beta_{\mathrm{r}}} \tag{3.36}$$

が得られる．等号達成は $\dot{\sigma} = 0$ のときである．

具体例として，第1章の図1.2 (b) のような量子ドット熱機関を考えよう（2.1節も参照）．2つの電子浴の間の量子ドットがシステムであり，電子が高々1個入り，量子コヒーレンスを無視できるとする．ドットに電子があるときのエネルギーを ε とすると，$\Delta E_\nu = \varepsilon \Delta N_\nu$ が成り立つので，

$$J_E = \varepsilon J_N \tag{3.37}$$

となる．このようにエネルギー流と粒子流が常に比例しているのは，強結合条件 (tight-coupling condition) と呼ばれる．対応して，$\nu = \mathrm{l}$ から放出される熱流は $J_Q = (\varepsilon - \mu_{\mathrm{l}}) J_N$ と書ける．

3.2.2　線形不可逆熱力学

アフィニティが十分小さく，システムが平衡の近くにある場合について，線形不可逆熱力学の枠組みを考えよう [23]．カレント J_Q と J_N は，アフィニティ F_Q と F_N の両方に駆動される．すなわち $J_Q(F_Q, F_N)$，$J_N(F_Q, F_N)$ という関数形になる．これは一般には非線形関数であるが，F_Q と F_N がともに小さいとして線形化しよう：

$$\begin{aligned} J_Q &= L_{QQ} F_Q + L_{QN} F_N, \\ J_N &= L_{NQ} F_Q + L_{NN} F_N. \end{aligned} \tag{3.38}$$

この係数 $L_{\alpha\alpha'}$ をオンサーガー係数という．

ここで，磁場など時間反転に対して符号を変えるアフィニティはないとしよ

[23] 記号的には上記3.2.1項の熱流と粒子流を念頭において議論を進めるが，以下の議論は一般的であり，そのような物理的解釈に限定されない．

う（以下本節では，断りのない限りこれを仮定する）．このとき

$$L_{QN} = L_{NQ} \tag{3.39}$$

が成り立つ[24]．これをオンサーガーの相反定理と呼ぶ．たとえば電位差が熱流を駆動するときと，温度差が電流を駆動するときで，同じ応答係数になっているという非自明な関係式である．この導出においては時間反転対称性が本質であるが，本書では 3.3.1 項でゆらぎの定理に基づいて示す．

この線形近似のもとでエントロピー生成は

$$\dot{\sigma} := \sum_{\alpha,\alpha'} L_{\alpha\alpha'} F_\alpha F_{\alpha'} \tag{3.40}$$

と 2 次形式で書ける．したがって，第二法則 $\dot{\sigma} \geq 0$ が任意のアフィニティに対して成り立つことは，行列 $L_{\alpha\alpha'}$ が半正定値である（すなわち，固有値がすべて 0 以上である）ことと等価である．この条件は

$$L_{QQ} \geq 0, \quad L_{NN} \geq 0, \quad L_{QQ}L_{NN} - L_{QN}^2 \geq 0 \tag{3.41}$$

と書ける．

特別な場合として，行列 $L_{\alpha\alpha'}$ の行列式がゼロである，すなわち

$$L_{QQ}L_{NN} - L_{QN}^2 = 0 \tag{3.42}$$

であると仮定しよう．このとき

$$J_Q = L_{QQ}\left(F_Q + \frac{L_{QN}}{L_{QQ}}F_N\right), \quad J_N = L_{QN}\left(F_Q + \frac{L_{QN}}{L_{QQ}}F_N\right) \tag{3.43}$$

が成り立ち，したがって

$$J_Q = \frac{L_{QQ}}{L_{QN}} J_N = \pm\sqrt{\frac{L_{QQ}}{L_{NN}}} J_N \tag{3.44}$$

となる（最右辺の $\pm$ は L_{QN} の正負によって決まり，以下複号同順）．すなわち

[24] なお，磁場のように時間反転で符号を変える外場（H とする）があるときは，$L_{QN}(H) = L_{NQ}(-H)$ のような形になる．詳細は文献 [1] などを参照．

2つのカレントが常に比例して，強結合条件が成り立つ．エントロピー生成は

$$\dot{\sigma} = L_{QQ}\left(F_Q + \frac{L_{QN}}{L_{QQ}}F_N\right)^2 = (\sqrt{L_{QQ}}F_Q \pm \sqrt{L_{NN}}F_N)^2 \tag{3.45}$$

となる．したがって，

$$F_Q = -\frac{L_{QN}}{L_{QQ}}F_N = \mp\sqrt{\frac{L_{NN}}{L_{QQ}}}F_N \tag{3.46}$$

のときにエントロピー生成がゼロとなる（3.2.1 項の設定ではカルノー効率が達成される）．このときは $J_Q = 0$，$J_N = 0$ となっているので，準静極限である．ここで，それぞれのアフィニティがノンゼロでも（$F_Q = 0$，$F_N = 0$ 以外でも）エントロピー生成がゼロになる場合があることが重要であり，これが強結合条件の特徴である．2つのアフィニティがつり合ったところで，いわば「空回り」が起きず，2つのカレントがいずれもゼロになるのである．

なお，強結合条件を判定する指標として，（特に熱電効果の文脈で）しばしば性能指数 (figure of merit) と呼ばれる量が用いられる．これは ZT と書かれ，

$$ZT := \frac{L_{QN}^2}{L_{QQ}L_{NN} - L_{QN}^2} \tag{3.47}$$

と定義される [25)]．式 (3.42) より，強結合条件は $ZT \to \infty$ で与えられる．

分子モーター

ここで，第1章の図 1.2(a) に示した分子モーター，F_1-ATPase のことを思い出そう．そこで述べたように，F_1-ATPase は「可逆」な熱機関であり，シャフトに外力を加えて逆回転させることで ATP の合成を行える．本項で議論した概念に対応させると，ATP の分解/合成と，空間回転の運動という，2つのカレントがあることになる．対応するアフィニティはそれぞれ，F_1 が存在する環境中における ATP の分解前後の化学ポテンシャル差と，シャフトにかけられている力学的な外力に相当する．F_1 が可逆であるということは，これらのアフィニティとカレントが，強結合条件を満たし

[25)] 後述の式 (3.58) で表されるように，熱電効果の文脈での ZT は，ゼーベック係数・電気伝導度・熱伝導率で決まる係数 Z と，温度 T の積であるとみなせる．

ているということに他ならない [76]．特に化学ポテンシャル差と外力が式 (3.46) の意味でつり合っているとき，エントロピー生成がゼロとなり，化学エネルギーから力学的エネルギーへの変換効率が 100%となる．これが F_1 が高効率な熱機関であると言われることの正確な意味である．さらに外力をつり合い条件よりも強めて，F_1 を逆回転させると ATP が合成される．生体内では F_o が F_1 に結合することで逆回転させている．このようにして ATP を合成するという役割のために，強結合条件が進化的に獲得されたのだと考えられる．

一方でキネシンという分子モーターは，ATP を消費しながら（「二足歩行」でステップして）直線的に移動して物質を輸送する．キネシンに対して進行方向とは逆向きの外力をかけると動きが遅くなり，ある外力で（前後にステップしながらも平均して）動きが止まる．しかしこのような場合でもキネシンは ATP を消費し続けている．さらに外力を強めて進行方向とは逆向きに動かしても，キネシンが ATP を合成することはない．これは，キネシンが可逆ではなく，強結合条件を満たしていないことを意味する．

3.2.3 パワーと効率

以上の枠組みの応用として，熱機関のパワーと効率について考えよう（本章冒頭の脚注 2) も参照）．話を具体的にするために電子系を念頭に置き，化学ポテンシャル差を電位差，粒子流を電流であると考えよう．これは熱電効果の設定である [26)]．なお引き続き，時間反転で符号を変える磁場などのアフィニティはないとする．

線形の範囲で F_Q と F_N がともに小さいとき，$F_Q = \Delta T/T^2$，$F_N = \Delta\mu/T$ と近似できる．ここで $\Delta T := T_\mathrm{l} - T_\mathrm{r}$，$\Delta\mu := \mu_\mathrm{l} - \mu_\mathrm{r}$，$T := T_\mathrm{l}$ とした（以下しばらくの間，$k_\mathrm{B} = 1$ とする）．$\Delta T > 0$，$\Delta\mu < 0$ とする．また，$J_Q > 0$，$J_N > 0$ とする．なおカルノー効率は $\eta_\mathrm{c} := \Delta T/T = TF_Q$ と書ける．

電流がする単位時間あたりの仕事（パワー）は $P := -\Delta\mu J_N = -J_N F_N T > 0$ なので，熱効率は

[26)] 以下の議論は文献 [72] などを参考にした．

$$\eta = \frac{P}{J_Q} = -\frac{J_N F_N T}{J_Q} = -\eta_c k \frac{kL_{NN} + L_{QN}}{kL_{QN} + L_{QQ}} \tag{3.48}$$

となる．ここで $k := F_N/F_Q$ とおいた．η を最大化する k は，$k < 0$ と $kL_{QN} + L_{QQ} > 0$ の範囲に注意して

$$k = \frac{L_{QQ}}{L_{QN}} \left(-1 + \sqrt{\frac{L_{QQ}L_{NN} - L_{QN}^2}{L_{QQ}L_{NN}}} \right) \tag{3.49}$$

となる．物理的には，温度差 ΔT を固定して電位差 $\Delta\mu$ を変化させるときの最適化条件と考えるのが自然である．これを代入すると，最大効率は

$$\eta_{\max} = \eta_c \frac{\sqrt{ZT+1} - 1}{\sqrt{ZT+1} + 1} \tag{3.50}$$

となる．強結合極限 $ZT \to \infty$ で $\eta_{\max} \to \eta_c$ となり，カルノー限界を達成することが確かめられる．

次に最大パワーを計算しよう．パワーは $P = -TF_N(L_{NN}F_N + L_{QN}F_Q)$ と書けるので，これを最大化する F_N は $F_N = -(L_{QN}/2L_{NN})F_Q$ で与えられ，そのときの最大パワーは

$$P_{\max} = \frac{T}{4} \frac{L_{QN}^2}{L_{NN}} F_Q^2 = \frac{L_{QN}^2}{4T^3 L_{NN}} \Delta T^2 \tag{3.51}$$

となる．ここで最右辺に現れる $L_{QN}^2/(T^3 L_{NN})$ はパワー・ファクターと呼ばれる．パワーが最大のときの効率は，

$$\eta(P_{\max}) = \frac{\eta_c}{2} \frac{ZT}{ZT+2} \tag{3.52}$$

となる．強結合極限 $ZT \to \infty$ で $\eta(P_{\max}) \to \eta_c/2$ となる．すなわち線形領域においては，パワーが最大のときの効率 (efficiency at maximum power) の最大値は，カルノー効率の半分で与えられることになる [73][27]．

また，計算は省略するが，一般にパワーと効率の間には

[27] これは，クルゾンとアルボーン (Curzon, Ahlborn) [74] によって現象論的に提案された最大パワーの最大効率 $1 - \sqrt{T_r/T_l}$ と，線形領域 $T_l \simeq T_r$ では一致している．ただし非線形領域ではクルゾンとアルボーンの効率は普遍的ではない [75].

$$\frac{\eta}{\eta_{\mathrm{c}}} = \frac{\frac{P}{P_{\max}}}{2\left(1 + \frac{2}{ZT} \mp \sqrt{1 - \frac{P}{P_{\max}}}\right)} \tag{3.53}$$

という関係があることを示せる [72]．ここで右辺は $ZT \to \infty$ で最大になることに注意し，さらに $P/P_{\max}$ について解くと，$P/P_{\max} \leq 2\eta/\eta_{\mathrm{c}}$ のとき

$$\frac{P}{P_{\max}} \leq 4\frac{\eta}{\eta_{\mathrm{c}}}\left(1 - \frac{\eta}{\eta_{\mathrm{c}}}\right) \tag{3.54}$$

が成り立つ．これはパワーと効率のトレードオフ関係である．ここから，カルノー効率 $\eta = \eta_{\mathrm{c}}$ が達成できるのは，準静極限 $P = 0$ のときのみであることがわかる．

なお，ここまでは磁場などの時間反転対称でない外場はなく，$L_{NQ} = L_{QN}$ が成り立つことを仮定してきた．磁場がある場合は，式 (3.54) を同様の方法で示すことはできない．しかし 3.6 節で議論するように，磁場があり，さらに非線形であっても，式 (3.54) に似たトレードオフ関係が成り立つ．

熱電係数

以上のようなオンサーガー係数による定式化と，熱電効果の文脈でよく用いられる係数の間には以下のような関係がある．まず電気伝導度 σ_{e} は，（e を素電荷として）電流 $-eJ_N$ と電位差 $\Delta\mu/(-e)$ の比なので，

$$\sigma_{\mathrm{e}} := \left(\frac{-eJ_N}{\Delta\mu/(-e)}\right)_{\Delta T=0} = \frac{e^2 L_{NN}}{T}. \tag{3.55}$$

ここで中辺は，ΔT を 0 に固定して比をとることを意味している．同様に熱伝導率 κ は，電流（粒子流）を 0 に固定して定義されるので

$$\kappa := \left(\frac{J_Q}{\Delta T}\right)_{J_N=0} = \frac{L_{QQ}}{T^2}\left(1 - \frac{L_{QN}^2}{L_{NN}L_{QQ}}\right). \tag{3.56}$$

最後にゼーベック (Seebeck) 係数 S_{sb} は，温度差から電位差が生じるときの係数なので，

$$S_{\mathrm{sb}} := \left(\frac{\Delta\mu/(-e)}{\Delta T}\right)_{J_N=0} = \frac{L_{QN}}{eTL_{NN}} \tag{3.57}$$

である．以上より，

$$ZT = \frac{\sigma_{\mathrm{e}} S_{\mathrm{sb}}^2}{\kappa} T \tag{3.58}$$

が得られる．なお，パワー・ファクターは $\sigma_{\mathrm{e}} S_{\mathrm{sb}}^2$ で与えられる．

3.3 ゆらぎの定理から線形応答理論へ

線形応答理論とは，平衡からのずれが外部からの摂動について線形領域にある状態（これを線形非平衡状態と呼ぶ）を扱う統計力学の枠組みである[28)]．本節では，線形応答理論の基本的な結果が，ゆらぎの定理から再現できることを見る．この意味でゆらぎの定理は，以前から知られていた線形非平衡系の性質についても，見通しの良い統一的な見方を与えていると言える．また，本書では詳述しないが，線形応答理論の非線形領域への一般化もゆらぎの定理を用いて系統的にできる．

3.3.1 オンサーガーの相反定理

まずは3.2.2項で述べたような，線形非平衡定常状態におけるオンサーガーの相反定理を導こう [78,79]．以下では複数のカレントとアフィニティがある一般的な状況を考え，それらが熱流や粒子流であるとは限定しない．アフィニティの組を $\vec{F} := \{F_\alpha\}$ として，これによってシステムが非平衡に駆動されているとする．すなわち，すべてのアフィニティがゼロ ($\vec{F} = \vec{0}$) のとき，システムは平衡状態にあるとする．また，時間反転で符号を変える磁場などのアフィニティはないとする．以下では定常状態（操作パラメータが時間依存せず，確率分布も時間依存せず $P(x(t))$ と書ける場合）を考える．なお，時間発展を考える時間幅を $t = -\tau/2$ から $t = \tau/2$ までとして，そのときの経路を $\boldsymbol{x}_\tau := \{x(t)\}_{t=-\tau/2}^{\tau/2}$ とする．

アフィニティ F_α に共役なカレントを考え，その時間についての積算を $\hat{\mathcal{J}}_\alpha[\boldsymbol{x}_\tau]$ とする．確率的なエントロピー生成は

$$\hat{\sigma}[\boldsymbol{x}_\tau] = \ln \frac{P(x(-\tau/2))}{P(x(\tau/2))} + \sum_\alpha \hat{\mathcal{J}}_\alpha[\boldsymbol{x}_\tau] F_\alpha \tag{3.59}$$

で与えられる．このエントロピー生成に対して，詳細ゆらぎの定理 (3.6) が成

[28)] 線形応答理論の一般論の解説として，たとえば文献 [4,5] を参照．線形応答理論を確立した久保亮五による原論文としては文献 [77] などがある．

り立つとしよう[29]．また，単位時間あたりの確率的カレント $\hat{\dot{\mathcal{J}}}_\alpha$ を導入し，$\hat{\mathcal{J}}_\alpha = \int_{-\tau/2}^{\tau/2} dt \hat{\dot{\mathcal{J}}}_\alpha(t)$ が成り立つとする．対応する単位時間あたりのカレントの期待値は

$$J_\alpha(\vec{F}) := \langle \hat{\dot{\mathcal{J}}}_\alpha(t) \rangle = \frac{1}{\tau} \langle \hat{\mathcal{J}}_\alpha \rangle \tag{3.60}$$

で与えられる．ここで $\langle \cdots \rangle$ はアフィニティが $\vec{F}$ のときの期待値を表し，左辺に $\vec{F}$ 依存性を明示的に書いた．対応して，単位時間あたりの平均エントロピー生成は $\dot{\sigma} = \sum_\alpha J_\alpha(\vec{F}) F_\alpha$ と書ける．

これらのカレントに対するキュムラント生成関数を導入しよう．χ_α を実変数として，$\vec{\chi} := \{\chi_\alpha\}$ とする．定常状態を考えているので，長時間極限をとって

$$\Phi(\vec{\chi}; \vec{F}) := \lim_{\tau \to \infty} -\frac{1}{\tau} \ln \langle e^{-\sum_\alpha \chi_\alpha \hat{\mathcal{J}}_\alpha} \rangle \tag{3.61}$$

と定義する．これに対して，$\hat{\mathcal{J}}_\alpha[\boldsymbol{x}_\tau^\dagger] = -\hat{\mathcal{J}}_\alpha[\boldsymbol{x}_\tau]$ に注意すると，式 (3.22) と同様にしてゆらぎの定理からキュムラント生成関数の対称性が得られる．すなわち，

$$\Phi(\vec{\chi}; \vec{F}) = \Phi(\vec{F} - \vec{\chi}; \vec{F}) \tag{3.62}$$

が成り立つ[30]．ただしここで，時間反転で符号を変える操作パラメータがなく，順過程と逆過程が区別できないという仮定を用いた．また，式 (3.59) の右辺第 1 項（シャノン・エントロピーの項）は，$\tau \to \infty$ で第 2 項に対して無視できるとして落とした．

さて，キュムラント生成関数の定義から，

$$\frac{\partial \Phi}{\partial \chi_\alpha}(\vec{0}; \vec{F}) = \lim_{\tau \to \infty} \frac{1}{\tau} \langle \hat{\mathcal{J}}_\alpha \rangle = J_\alpha(\vec{F}), \tag{3.63}$$

$$-\frac{\partial^2 \Phi}{\partial \chi_\alpha \partial \chi_{\alpha'}}(\vec{0}; \vec{0}) = \lim_{\tau \to \infty} \frac{1}{\tau} (\langle \hat{\mathcal{J}}_\alpha \hat{\mathcal{J}}_{\alpha'} \rangle_{\mathrm{eq}} - \langle \hat{\mathcal{J}}_\alpha \rangle_{\mathrm{eq}} \langle \hat{\mathcal{J}}_{\alpha'} \rangle_{\mathrm{eq}}) =: C_{\alpha\alpha'} \tag{3.64}$$

---

[29] たとえばハミルトン系の場合は，3.1.4 項の証明を，3.2.1 項で議論したような化学ポテンシャルなどを含めた形に拡張できる．マルコフジャンプ系でも 3.4 節の議論の拡張で示すことができる．

[30] ただし，式 (3.62) が常に成り立つかについては，微妙な問題がある．たとえばランジュバン系では，キュムラント生成関数の特異性に由来して，この形のゆらぎの定理は破れうることが知られてる [80]．以下では式 (3.62) が必要な範囲の $(\vec{\chi}, \vec{F})$ で成り立つとして議論を進める．

が成り立つ（付録 A.5 も参照）．ここで $\langle \cdots \rangle_{\mathrm{eq}}$ は平衡状態（$\vec{F} = \vec{0}$ のとき）における期待値を表している．$C_{\alpha\alpha'}$ は平衡状態における相関関数であり，定義により $C_{\alpha\alpha'} = C_{\alpha'\alpha}$ が成り立つ．なお，平衡状態の定常性を用いると，相関関数は

$$C_{\alpha\alpha'} = \int_{-\infty}^{\infty} dt (\langle \hat{\dot{\mathcal{J}}}_\alpha(t) \hat{\dot{\mathcal{J}}}_{\alpha'}(0) \rangle_{\mathrm{eq}} - \langle \hat{\dot{\mathcal{J}}}_\alpha(t) \rangle_{\mathrm{eq}} \langle \hat{\dot{\mathcal{J}}}_{\alpha'}(0) \rangle_{\mathrm{eq}}) \tag{3.65}$$

とも書けることに注意しよう．

以上を用いて，第一種揺動散逸定理とオンサーガーの相反定理を導こう．まずカレントのアフィニティに関する線形展開を，3.2.2 項と同様にしてオンサーガー係数 $L_{\alpha\alpha'}$ を用いて

$$J_\alpha(\vec{F}) = \sum_{\alpha'} L_{\alpha\alpha'} F_{\alpha'} + o(\vec{F}) \tag{3.66}$$

と書く．これはすなわち

$$L_{\alpha\alpha'} := \left. \frac{\partial J_\alpha(\vec{F})}{\partial F_{\alpha'}} \right|_{\vec{F}=\vec{0}} = \frac{\partial^2 \Phi}{\partial F_{\alpha'} \partial \chi_\alpha}(\vec{0}; \vec{0}) \tag{3.67}$$

を意味する．ここでゆらぎの定理の対称性 (3.62) を用いると，

$$\frac{\partial \Phi}{\partial \chi_\alpha}(\vec{\chi}; \vec{F}) = -\frac{\partial \Phi}{\partial \chi_\alpha}(\vec{F} - \vec{\chi}; \vec{F}) \tag{3.68}$$

が成り立つ．ここで右辺の意味は，まず $\Phi(\vec{\chi}; \vec{F})$ を χ_α で微分してから，次に $\vec{\chi}$ に $\vec{F} - \vec{\chi}$ を代入するということである．ここから

$$\frac{\partial^2 \Phi}{\partial F_{\alpha'} \partial \chi_\alpha}(\vec{\chi}; \vec{F}) = -\frac{\partial^2 \Phi}{\partial \chi_{\alpha'} \partial \chi_\alpha}(\vec{F} - \vec{\chi}; \vec{F}) - \frac{\partial^2 \Phi}{\partial F_{\alpha'} \partial \chi_\alpha}(\vec{F} - \vec{\chi}; \vec{F}) \tag{3.69}$$

が得られる．したがって，$\vec{\chi} = \vec{F} = \vec{0}$ を代入すると，

$$\frac{\partial^2 \Phi}{\partial F_{\alpha'} \partial \chi_\alpha}(\vec{0}; \vec{0}) = -\frac{1}{2} \frac{\partial^2 \Phi}{\partial \chi_{\alpha'} \partial \chi_\alpha}(\vec{0}; \vec{0}) \tag{3.70}$$

が得られる．よって，

$$L_{\alpha\alpha'} = \frac{1}{2} C_{\alpha'\alpha} \tag{3.71}$$

およびオンサーガーの相反定理

$$L_{\alpha\alpha'} = L_{\alpha'\alpha} \tag{3.72}$$

が証明された．これらはゆらぎの定理の対称性 (3.62) の直接の帰結であると言える．式 (3.71) は，線形非平衡状態におけるカレント（散逸）を特徴づけるオンサーガー係数と，平衡状態におけるカレントの相関（ゆらぎ）を結びつけているので，第一種揺動散逸定理と呼ばれる．

なお，ゆらぎの定理を用いれば，より高次の係数についても同様の議論がシステマティックにでき，第一種揺動散逸定理とオンサーガーの相反定理の一般化が得られる [78,79]．この意味でも，ゆらぎの定理は線形応答理論にとどまらない非線形の情報を含んでいるのである．

3.3.2 久保公式

次に，線形応答理論のもっとも基本的な結果である，非定常な遷移過程も含めた第一種揺動散逸定理（久保公式とも呼ばれる）を導出しよう．熱浴は 1 つとして，逆温度を β とする．

エネルギー準位（ハミルトニアン）E_x に，有限の時間幅 $t=0$ から τ だけ摂動をかける：

$$E'_x(t) = E_x - B_x \lambda(t). \tag{3.73}$$

ここで B_x は任意の物理量である．$\lambda(t)$ は摂動を表す操作パラメータであり，$t \leq 0$，$\tau \leq t$ のときは $\lambda(t)=0$ とする．このとき，別の物理量 A_x の時間変化を λ の 1 次まで求めるのが線形応答理論の目標である．ここで簡単のため，E_x，A_x，B_x は時間反転対称（$E_x = E_{x^*}$ など）であると仮定する．また，磁場などの操作パラメータもなく，λ は時間反転で符号を変えないとする．なお，物理量 A_x，B_x は $\hat{A}$，$\hat{B}$ とも書く．

この操作でシステムになされる仕事は，式 (3.2) の定義に従って

$$\hat{W}[\boldsymbol{x}_\tau, \boldsymbol{\lambda}_\tau] = -\int_0^\tau B_{x(t)} \frac{d\lambda(t)}{dt} dt = \int_0^\tau \dot{B}_{x(t)} \lambda(t) dt \tag{3.74}$$

と書ける．ここで 2 番目の等式で部分積分を用い，$\dot{B}_{x(t)} := dB_{x(t)}/dt$ と定義した（以下ではこれを $\dot{\hat{B}}(t)$ とも書く）．

久保公式を導くために，川崎表現 (3.16) においてエントロピー生成として式 (3.23) の $\hat{\sigma}_{\rm w}$ を採用したバージョンを用いよう．システムの初期分布は E_x でのカノニカル分布とする．$\lambda(0)=\lambda(\tau)=0$ なので $\Delta F_{\rm eq}=0$ である．物理量として，順過程の終状態に依存する $\hat{A}(\tau):=A_{x(\tau)}$ を採用する．逆過程の初期分布はカノニカル分布なので，式 (3.16) の右辺は $\langle\hat{A}(\tau)\rangle^\dagger=\langle\hat{A}\rangle_{\rm eq}$ である．ここで $\langle\cdots\rangle_{\rm eq}$ は，エネルギー準位が E_x のときのカノニカル分布での期待値を表す．したがって，式 (3.16) の左辺を λ の 1 次まで展開すると

$$\left\langle \hat{A}(\tau)\left(1-\beta\int_0^\tau \dot{\hat{B}}(t)\lambda(t)dt\right)\right\rangle+o(\lambda)=\langle\hat{A}\rangle_{\rm eq} \tag{3.75}$$

となる．ここで応答関数 $\phi(t)$ を導入して式 (3.75) を

$$\langle\hat{A}(\tau)\rangle-\langle\hat{A}\rangle_{\rm eq}=\int_0^\tau \phi_{AB}(\tau-t)\lambda(t)dt+o(\lambda) \tag{3.76}$$

と書くと，

$$\phi_{AB}(t)=\beta\langle\hat{A}(t)\dot{\hat{B}}(0)\rangle_{\rm eq} \tag{3.77}$$

が得られる．ここで，式 (3.75) の左辺の積分の中にすでに λ があるので，式 (3.77) の右辺は線形応答の範囲では平衡期待値 $\langle\cdots\rangle_{\rm eq}$ で置き換えることができた．また，因果律から $t<0$ で $\phi_{AB}(t)=0$ とみなすべきであることに注意．式 (3.77) が線形応答理論の久保公式である．平衡からずれるときの応答（散逸と関わることが多い）と，平衡状態における相関（ゆらぎ）を関連づける式なので，第一種揺動散逸定理とも呼ばれる[31]．

$\phi_{AB}(t)$ についての相反関係を示しておこう．まず $\langle\hat{A}(t)\hat{B}(t')\rangle_{\rm eq}=\langle\hat{B}(t')\hat{A}(t)\rangle_{\rm eq}=\langle\hat{B}(t)\hat{A}(t')\rangle_{\rm eq}$ が成り立つ．2 つ目の等号で，平衡状態の相関関数が $t-t'$ だけの関数であることと，（磁場などがないという仮定から）それが時間反転対称であることを用いた．これを t' で微分してから $t'=0$ とおくと，

$$\phi_{AB}(t)=\phi_{BA}(t) \tag{3.78}$$

得られる．これが応答関数についての相反定理である．

---

[31] 歴史的に最初に発見された第一種揺動散逸定理は，ブラウン運動についてのアインシュタインの関係式であろう．これについては付録 B で解説する（式 (B.22) を参照）．

最後に周波数領域の議論をしておこう．相関関数のフーリエ変換は $\tilde{C}_{A\dot{B}}(\omega) := \int_{-\infty}^{\infty} \langle \hat{A}(t)\hat{\dot{B}}(0)\rangle_{\mathrm{eq}} e^{\mathrm{i}\omega t} dt$ と定義される．一方，応答関数のフーリエ変換は $\tilde{\phi}_{AB}(\omega) := \int_{-\infty}^{\infty} \phi_{AB}(t) e^{\mathrm{i}\omega t} dt = \int_{0}^{\infty} \phi_{AB}(t) e^{\mathrm{i}\omega t} dt$ で与えられる．時間反転対称性より $\langle \hat{A}(t)\hat{\dot{B}}(0)\rangle_{\mathrm{eq}} = -\langle \hat{A}(-t)\hat{\dot{B}}(0)\rangle_{\mathrm{eq}}$ であることに注意すると，式 (3.77) は

$$2\mathrm{i}\,\mathrm{Im}[\tilde{\phi}_{AB}(\omega)] = \beta \tilde{C}_{A\dot{B}}(\omega) \tag{3.79}$$

と書ける（Im は虚部を表す）．これが周波数表示の久保公式である．

以上が線形応答理論のあらましである．ここでは確率過程のゆらぎの定理から出発したが，ハミルトン系において線形応答理論を導くのが伝統的な方法である．量子系でも量子版の久保公式が導ける [4,5]．また，B.2.3 項の末尾の囲み記事で，第一種揺動散逸定理の非平衡定常系への拡張に触れる．

3.4 マルコフジャンプ過程

これまでは，確率過程の具体的な時間発展方程式は指定せず，一般的な枠組みについて考えていた．本節では，時間発展方程式を書き下すことで，これまでの議論を具体的に実装できるマルコフジャンプ過程を考えよう．マルコフジャンプ過程とは，とりうる状態が有限個であり，それらの状態の間を，各時刻ごとに独立に確率的に飛び移って（ジャンプして）いくような確率過程である．

3.4.1 マスター方程式

システムの状態を x として，これは離散変数とする．たとえば，もっとも簡単な場合は x が 2 つの状態 $x = 0, 1$ しかとり得ない場合である（図 2.1(a) のような 2 準位系に相当する）．なお本書では特に断りのない限り，マルコフジャンプ過程において状態は時間反転対称，すなわち $x^* = x$ であると常に仮定する．操作パラメータについても同様に $\lambda^* = \lambda$ とする．ただし 3.4.5 項においてのみ，時間反転対称でない変数がある場合を簡単に扱う．

さて，時刻 t の状態が x であるという条件のもとで時刻 $t+dt$ に状態が $x'(\neq x)$ に遷移する確率は，dt に比例することに注意する．またマルコフ性により，こ

のような遷移は各時間ステップごとに独立に起こる．そこで，単位時間あたりの（dt でわった）遷移確率を遷移レートと呼び，$R(x'|x;t)$ と書くことにする．言い換えると，時刻 t の状態が x であるという条件のもとで，時刻 $t+dt$ の状態が $x'(\neq x)$ になる確率が，$R(x'|x;t)dt$ で与えられるとする．なお，ここで $R(x'|x;t)$ の t 依存性は，操作パラメータ λ を通した時間依存性を表しており，正確には $R(x'|x;\lambda(t))$ と書くべきものである．

このとき，時刻 t の確率分布 $P(x,t)$ の時間発展を表すマスター方程式は

$$\frac{\partial P(x',t)}{\partial t} = \sum_{x(\neq x')} [R(x'|x;t)P(x,t) - R(x|x';t)P(x',t)] \tag{3.80}$$

で与えられる[32)]．この右辺の第1項は，状態 x' に他の状態 x から流入してくる（単位時間あたりの）確率を表している．右辺の第2項は，x' から他の状態 x へ流出していく確率を表している．式 (3.80) の右辺の和を x' についてとると0になるので，$d\left(\sum_{x'} P(x',t)\right)/dt = 0$ であり，確率の保存（全確率が1であり続けること）が満たされていることが確かめられる．なお，$\gamma(x';t) := \sum_{x(\neq x')} R(x|x';t)$ と定義すると，式 (3.80) は

$$\frac{\partial P(x',t)}{\partial t} = \sum_{x(\neq x')} R(x'|x;t)P(x,t) - \gamma(x';t)P(x',t) \tag{3.82}$$

とも書ける．ここで $\gamma(x';t)$ は x' からの確率のトータルの流出率を特徴づけているので，エスケープ・レート (escape rate) と呼ばれる．

マスター方程式のもっとも簡単な例として，$x=0,1$ の2つの状態だけをとる2準位系を考えよう（図 2.1(a) も参照）．このとき，マスター方程式 (3.80) は

$$\begin{aligned} \frac{\partial P(0,t)}{\partial t} &= R(0|1;t)P(1,t) - R(1|0;t)P(0,t), \\ \frac{\partial P(1,t)}{\partial t} &= R(1|0;t)P(0,t) - R(0|1;t)P(1,t) \end{aligned} \tag{3.83}$$

[32)] これは，付録 A.3 の式 (A.36) で導入する確率遷移行列の連続時間極限として理解できる．$T(x'|x)$ が $x \neq x'$ のとき Δt のオーダーであるとして，$T(x'|x) = R(x'|x)\Delta t$ とする．対角成分は規格化条件より $T(x'|x') = 1 - \sum_{x(\neq x')} R(x|x')\Delta t$ である．以上より

$$\sum_x T(x'|x)P(x) = P(x') + \sum_{x(\neq x')} [R(x'|x)P(x)\Delta t - R(x|x')P(x')\Delta t] \tag{3.81}$$

となる．この $\Delta t \to 0$ 極限がマスター方程式 (3.80) である．

となる．$p(t) := P(0,t)$ とおき，さらに遷移レートは t に依存しないとすると，式 (3.83) は

$$\frac{dp(t)}{dt} = R(0|1)(1-p(t)) - R(1|0)p(t) \tag{3.84}$$

に帰着する．これは容易に解くことができ，解は

$$p(t) = \left(p(0) - \frac{R(0|1)}{\bar{R}}\right)e^{-\bar{R}t} + \frac{R(0|1)}{\bar{R}} \tag{3.85}$$

で与えられる．ここで $\bar{R} := R(0|1) + R(1|0)$ とおいた．ここから，緩和時間は $\bar{R}^{-1}$ で特徴づけられることがわかる．$t \to \infty$ で分布は定常状態に収束し，それは $P_{\rm ss}(0) = R(0|1)/\bar{R}$，$P_{\rm ss}(1) = R(1|0)/\bar{R}$ で与えられる．

さて一般に，x から x' への確率流は，マスター方程式 (3.80) の右辺に現れる

$$J(x'|x;t) := R(x'|x;t)P(x,t) - R(x|x';t)P(x',t) \tag{3.86}$$

と定義される．これは反対称性 $J(x'|x;t) = -J(x|x';t)$ を満たす．ここで何らかの「流れ」を表す物理量 $D_{x',x}$ を考えよう．これも反対称性 $D_{x',x} = -D_{x,x'}$ を満たすとする（したがって $D_{x,x} = 0$ である）．この期待値は

$$J_D(t) := \sum_{x' \geq x} J(x'|x;t)D_{x',x} = \sum_{x \neq x'} R(x'|x;t)P(x,t)D_{x',x} \tag{3.87}$$

で与えられる（ここで $x' \geq x$ は，和をとる際に逆向きの流れをダブルカウントしないことを意味している）．たとえば，特定の x_0 から x'_0 への状態遷移だけを考えたいときは，$D_{x'_0 x_0} = 1$，$D_{x_0 x'_0} = -1$，$D_{x'x} = 0$（それ以外のとき），ととれる．このときの $J_D(t)$ は，確率流 $J(x'_0|x_0;t)$ そのものとなる．別の例として，任意の静的な（ある瞬間の状態 x だけに依存する）物理量 A_x を考え，その期待値 $A(t) := \sum_x P(x,t)A_x$ の時間微分を考えると，

$$\frac{dA(t)}{dt} = \sum_{x',x} J(x'|x;t)A_{x'} = \sum_{x \neq x'} R(x'|x;t)P(x,t)(A_{x'} - A_x) \tag{3.88}$$

となり，$D_{x',x} = A_{x'} - A_x$ ととった場合であることがわかる．

さて，遷移レートが時間に依存しないとき，定常分布 $P_{\rm ss}(x)$ は

$$\sum_{x(\neq x')} [R(x'|x)P_{\rm ss}(x) - R(x|x')P_{\rm ss}(x')] = 0 \tag{3.89}$$

の解である．一般には定常状態がカノニカル分布とは限らないが，以下に述べる詳細つり合い (detailed balance) 条件のもとではカノニカル分布になることが保証される．逆温度 β の熱浴に駆動されているダイナミクスを考えて，エネルギー準位を E_x としよう．このとき詳細つり合い条件は，すべての x, x'（ただし $x \neq x'$）に対して

$$\frac{R(x'|x)}{R(x|x')} = e^{-\beta(E_{x'} - E_x)} \tag{3.90}$$

で与えられる．これは

$$R(x'|x)e^{-\beta E_x} = R(x|x')e^{-\beta E_{x'}} \tag{3.91}$$

と書き換えることができる．ここから，カノニカル分布 $P_{\rm can}(x) := e^{\beta(F_{\rm eq} - E_x)}$ が定常状態となることが確かめられる．さらに式 (3.91) は

$$R(x'|x)P_{\rm can}(x) = R(x|x')P_{\rm can}(x') \tag{3.92}$$

と書ける．したがってカノニカル分布においては，各々の x, x' に対して $J(x'|x) = 0$ である．すなわち，定常状態において流れがまったくないことを保証するのが詳細つり合い条件であると言える．

3.4.2　熱力学第二法則

遷移レートが時間依存しうる設定に戻り，熱力学を考えよう．複数の熱浴があるとして，そのラベルを ν，逆温度を β_ν とする．3.2.1 項のような化学ポテンシャルはここでは考えないが，拡張は直接的にできる．

熱浴 ν によって引き起こされるシステムの変化が，遷移レート $R_\nu(x'|x;t)$ で表されているとすると，式 (3.80) の遷移レートはそれらの和で書ける：$R(x'|x;t) = \sum_\nu R_\nu(x'|x;t)$．対応する熱浴ごとの確率流は

$$J_\nu(x'|x;t) := R_\nu(x'|x;t)P(x,t) - R_\nu(x|x';t)P(x',t) \tag{3.93}$$

で与えられる．$\sum_\nu J_\nu(x'|x;t) = J(x'|x;t)$ である．また，エネルギー準位 $E_x(t)$

は時間依存するものとする．このとき，熱浴 ν からシステムに流入する熱量 $\dot{Q}_\nu$ は，

$$\dot{Q}_\nu(t) := \sum_{x' \geq x} J_\nu(x'|x;t)(E_{x'}(t) - E_x(t)) = \sum_{x \neq x'} R_\nu(x'|x;t)P(x,t)(E_{x'}(t) - E_x(t)) \tag{3.94}$$

で与えられる．これを熱浴 ν について合計すると

$$\dot{Q}(t) := \sum_\nu \dot{Q}_\nu(t) = \sum_{x' \geq x} J(x'|x;t)(E_{x'}(t) - E_x(t)) = \sum_x \frac{\partial P(x,t)}{\partial t} E_x(t) \tag{3.95}$$

となり，式 (2.20) と同じ表式が得られる．同様に，仕事は式 (2.21) と同じ

$$\dot{W}(t) := \sum_x P(x,t) \frac{\partial E_x(t)}{\partial t}. \tag{3.96}$$

で与えられる．エネルギーの期待値を $E(t) := \sum_x P(x,t)E_x(t)$ とすると，熱力学第一法則は

$$\frac{dE(t)}{dt} = \dot{Q}(t) + \dot{W}(t) \tag{3.97}$$

である．

さて各時刻ごとに，熱浴ごとの詳細つり合いが成り立っていると仮定しよう[33]：

$$\frac{R_\nu(x'|x;t)}{R_\nu(x|x';t)} = e^{-\beta_\nu(E_{x'}(t) - E_x(t))}. \tag{3.98}$$

これを用いると

$$-\beta_\nu \dot{Q}_\nu(t) = \sum_{x' \geq x} J_\nu(x'|x;t) \ln \frac{R_\nu(x'|x;t)}{R_\nu(x|x';t)} \tag{3.99}$$

が得られる．一方でシャノン・エントロピー $S(t) := -\sum_x P(x,t) \ln P(x,t)$ の時間微分は

---

33) これは，ボルン・マルコフ (Born-Markov) 近似などに基づき，ミクロなハミルトニアンから系統的に導出することができる（文献 [34] を参照）．なお，ここで非保存力はないと仮定している．また，化学ポテンシャルがある場合への拡張も直接的にできる（3.4.4 項で具体例を述べる）．

$$\frac{dS(t)}{dt} = -\sum_{x} \frac{\partial P(x,t)}{\partial t} \ln P(x,t) = \sum_{x' \geq x} J(x'|x;t) \ln \frac{P(x,t)}{P(x',t)} \tag{3.100}$$

と書ける．したがってエントロピー生成は

$$\begin{aligned}
\dot{\sigma}(t) &:= \frac{dS(t)}{dt} - \sum_{\nu} \beta_\nu \dot{Q}_\nu(t) \\
&= \sum_{x' \geq x, \nu} J_\nu(x'|x;t) \ln \frac{R_\nu(x'|x;t)P(x,t)}{R_\nu(x|x';t)P(x',t)} \\
&= \sum_{x \neq x', \nu} R_\nu(x'|x;t)P(x,t) \ln \frac{R_\nu(x'|x;t)P(x,t)}{R_\nu(x|x';t)P(x',t)} \\
&\geq \sum_{x \neq x', \nu} [R_\nu(x'|x;t)P(x,t) - R_\nu(x|x';t)P(x',t)] \\
&= 0
\end{aligned} \tag{3.101}$$

となる．4 行目の不等号を得るために，$t > 0$ に対して $\ln(t^{-1}) \geq 1 - t$ が成り立つことを用いた [34]．これで熱力学第二法則 (2.28) が証明された．なお等号成立は，すべての ν に対して $R_\nu(x'|x;t)P(x,t) = R_\nu(x|x';t)P(x',t)$ すなわち $J_\nu(x'|x;t) = 0$ が成り立つ場合である．たとえば，すべての熱浴の温度が共通で，システムがその温度のカノニカル分布になっていれば，これは満たされる．

さて，熱浴が 1 つだけの場合は，付録 A.3 の式 (A.42) と同様に，KL 情報量の単調性からも同じ第二法則を導くことができる．詳細つり合い (3.98) によって，各瞬間ごとの遷移レートの定常状態がカノニカル分布であることに注意すると，KL 情報量の単調性は

$$\left. \frac{\partial}{\partial t'} S(P(t')||P_{\mathrm{can}}(t)) \right|_{t=t'} \leq 0 \tag{3.102}$$

と書ける．ここで $P(t')$ は $P(x,t')$ を，$P_{\mathrm{can}}(t)$ は $P_{\mathrm{can}}(x;t) := e^{\beta(F_{\mathrm{eq}}(t) - E_x(t))}$ を表している．これらの分布を代入すると

[34] これは付録 A.3 の式 (A.32) で KL 情報量の非負性を示すときに用いたのと同じ方法である．実際，式 (3.101) の 3 行目は順過程と逆過程の遷移の KL 情報量になっているとみなせるので，3.1 節の KPB の式 (3.18) の単位時間あたりのバージョンであるとみなせる．

$$\dot{\sigma} = -\frac{\partial}{\partial t'} S(P(t')||P_{\rm can}(t))\Big|_{t=t'} \tag{3.103}$$

であることがわかるので，式 (3.102) はエントロピー生成の非負性そのものである．

3.4.3 ゆらぎの定理

次に個々の経路のレベルで熱力学量を考え，ゆらぎの定理を導こう．まず，マルコフジャンプ過程における経路の概念を明確にしておこう．時刻 $t=0$ から τ までの経路 $\boldsymbol{x}_\tau$ とは $\{x(t)\}_{t=0}^{\tau}$ のことであった．マルコフジャンプ過程においては，状態遷移は離散的に起こる（図 3.2 に 2 準位系の場合の模式図を示す）．時刻 0 から τ までに K 回の遷移が起き，その時刻を t_k（$k=1,2,\cdots,K$）としよう．$0<t_1<t_2<\cdots<t_K<\tau$ とする．また，便宜上 $t_0:=0$，$t_{K+1}:=\tau$ とおく．時刻 $t_k \le t < t_{k+1}$ $(k=0,1,\cdots,K)$ における状態を $x(t)=x_k$ とする．すなわち経路 $\boldsymbol{x}_\tau$ は，初期状態 x_0，遷移が起きた時刻 t_k $(k=1,2,\cdots,K)$，その遷移後の状態 x_k，によって一意に定められる．また以下で議論する熱力学においては，時刻 t_k における遷移を引き起こした熱浴 ν_k を指定しておくことも必要である（熱浴が複数ある場合は，それぞれの遷移がどの熱浴によって引き起こされるかは確率的に決まる）．

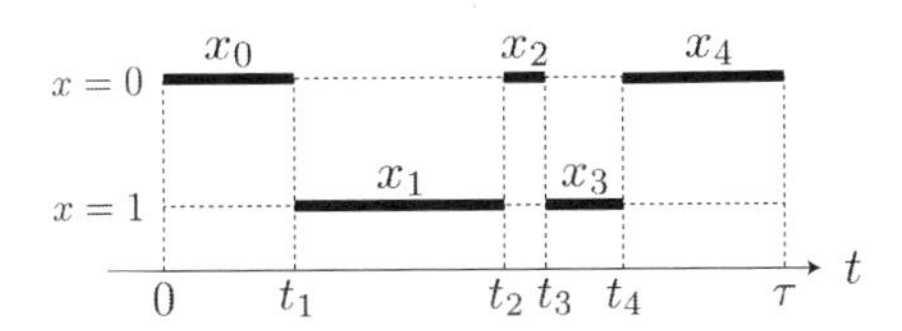

図 3.2 2 準位系の経路 $\boldsymbol{x}_\tau=\{x(t)\}_{t=0}^{\tau}$ の一例の模式図．状態遷移は時刻 t_k $(k=1,2,3,4)$ において起き，時刻 $t_k \le t < t_{k+1}$ における状態を $x(t)=x_k$ としている $(k=0,1,2,3,4)$．$x_0=0$，$x_1=1$，$x_2=0$，$\cdots$ である．

ある経路が実現する経路確率を考えよう．まずは簡単のため，遷移レートが時刻 t に依存しない場合を考える．まず，時刻 $t=0$ に初期状態 x_0 から出発して，$t=t_1$ まで x_0 にとどまり続ける確率は，エスケープ・レート $\gamma(x_0)$ を用いて $e^{-\gamma(x_0)t_1}$ で与えられる [35]．次に x_0 から x_1 への遷移が熱浴 ν_1 によって起

[35] これは以下のように理解することもできる．微小時間 Δt の間に状態が変化し

こる確率は，$R_{\nu_1}(x_1|x_0)dt$ で与えられる．その後，時刻 t_2 まで状態 x_1 にとどまり続ける確率は $e^{-\gamma(x_1)(t_2-t_1)}$ である．これを繰り返し，それらの確率の積をとることで，経路確率

$$P[\boldsymbol{x}_\tau] \propto e^{-\gamma(x_K)(\tau-t_K)} \prod_{k=1}^{K} \left[R_{\nu_k}(x_k|x_{k-1}) e^{-\gamma(x_{k-1})(t_k-t_{k-1})} \right] P(x_0, 0) \tag{3.104}$$

が得られる（右辺から dt^K の項を落とした）．ここで，各時刻ごとの遷移確率を考えてから積をとればよいのは，マルコフ性の特徴である．一般に遷移レートが時刻に依存する場合は，同様の考察により

$$P[\boldsymbol{x}_\tau|\boldsymbol{\lambda}_\tau] \propto e^{-\int_{t_K}^{\tau} \gamma(x_K;t)dt} \prod_{k=1}^{K} \left[R_{\nu_k}(x_k|x_{k-1};t_k) e^{-\int_{t_{k-1}}^{t_k} \gamma(x_{k-1};t)dt} \right] P(x_0, 0) \tag{3.105}$$

となる．ここで左辺の $\boldsymbol{\lambda}_\tau$ は遷移レートの時間依存性を特徴づけている（すなわち，$R_\nu(x'|x;t)$ は $R_\nu(x'|x;\lambda(t))$ を表している）．また式 (3.104) や (3.105) の左辺は，正確には，どの熱浴が遷移を引き起こしたかの履歴 $\boldsymbol{\nu}_\tau := (\nu_1, \cdots, \nu_K)$ にも依存していると見るべきである．

次に，3.1 節で議論したような確率的な熱と仕事を，マルコフジャンプ過程の場合について定義しよう．熱については，状態遷移に伴うエネルギーの変化なので，

$$\hat{Q}_\nu[\boldsymbol{x}_\tau, \boldsymbol{\lambda}_\tau] = \sum_{k=1}^{K} (E_{x_k}(t_k) - E_{x_{k-1}}(t_k))\delta_{\nu,\nu_k} \tag{3.106}$$

で与えられる．仕事は一般的な定義 (3.2) により

$$\hat{W}[\boldsymbol{x}_\tau, \boldsymbol{\lambda}_\tau] = \int_0^\tau \left. \frac{\partial E_x(t)}{\partial t} \right|_{x=x(t)} dt \tag{3.107}$$

である．これらは経路レベルの第一法則 $E_{x(\tau)}(\tau) - E_{x(0)}(0) = \sum_\nu \hat{Q}_\nu[\boldsymbol{x}_\tau, \boldsymbol{\lambda}_\tau] + \hat{W}[\boldsymbol{x}_\tau, \boldsymbol{\lambda}_\tau]$ を満たすことが確かめられる．また，これらのアンサンブル平均が式 (3.94) と (3.96) を再現することもわかる．たとえば熱については，式 (3.106)

ない確率は $1 - \gamma(x_0)\Delta t$ なので，N 時間ステップ後も状態が変化していない確率は $(1-\gamma(x_0)\Delta t)^N$ で与えられる．ここで $N = t_1/\Delta t$ を代入して $\Delta t \to 0$ の極限をとると，$(1-\gamma(x_0)\Delta t)^N \to e^{-\gamma(x_0)t_1}$ となる．

の右辺のシグマの中がゼロにならないのは状態遷移が熱浴 ν で起こったときだけなので，そのアンサンブル平均は各時刻ごとに式 (3.94) の最右辺（に dt をかけたもの）で与えられる．したがって $\langle \hat{Q}_\nu \rangle = \int_0^\tau \dot{Q}_\nu(t)dt$ となる．仕事についても同様である．

以上の定義のもとで詳細ゆらぎの定理を示そう．まず（λ を陽に書いたとき）$R_\nu(x'|x;\lambda^\dagger(\tau-t)) = R_\nu(x'|x;\lambda(t))$ となることに注意すると，逆過程の経路確率は

$$P[\boldsymbol{x}_\tau|\boldsymbol{\lambda}_\tau] \propto e^{-\int_{t_K}^\tau \gamma(x_K;t)dt} \prod_{k=1}^K \left[R_{\nu_k}(x_{k-1}|x_k;t_k) e^{-\int_{t_{k-1}}^{t_k} \gamma(x_{k-1};t)dt} \right] P(x_\tau,\tau) \tag{3.108}$$

で与えられることがわかる．これと順過程の経路確率との比をとると

$$\frac{P[\boldsymbol{x}_\tau^\dagger|\boldsymbol{\lambda}_\tau^\dagger]}{P[\boldsymbol{x}_\tau|\boldsymbol{\lambda}_\tau]} = \prod_{k=1}^K \frac{R_{\nu_k}(x_{k-1}|x_k;t_k)}{R_{\nu_k}(x_k|x_{k-1};t_k)} \frac{P(x_\tau,\tau)}{P(x_0,0)} = e^{-\hat{\sigma}[\boldsymbol{x}_\tau,\boldsymbol{\lambda}_\tau]} \tag{3.109}$$

となり，詳細ゆらぎの定理 (3.7) が得られる．

3.4.4 具体例：量子ドット熱機関

具体例として，図 1.2(b) に示した量子ドットを考えよう [26]． 逆温度 β_ν，化学ポテンシャル μ_ν ($\nu = \mathrm{l}, \mathrm{r}$) の電子浴 [36] の間にエネルギー ε の量子ドットがあり，そこに電子は高々 1 個入るとしよう（2.1 節および 3.2.1 項の末尾も参照）．電子数 $x = 0, 1$ は古典的な確率変数として扱えるとする．簡単のため，操作パラメータは時間依存しないとする．

電子浴の電子がフェルミ分布をしているとして，フェルミの黄金律を用いると

$$R_\nu(1|0) = \frac{2\pi}{\hbar} f_\nu(\varepsilon)\gamma_\nu, \quad R_\nu(0|1) = \frac{2\pi}{\hbar}(1 - f_\nu(\varepsilon))\gamma_\nu \tag{3.110}$$

が得られる [37]．ここで γ_ν は量子ドットと電子浴の相互作用などで決まる定数であり，またフェルミ分布関数 $f_\nu(\varepsilon) := 1/[e^{\beta_\nu(\varepsilon-\mu_\nu)} + 1]$ を定義した．まずわかることは，電子浴ごとの詳細つり合い（式 (3.98) に化学ポテンシャルを加え

36) リード線とも呼ばれる．
37) 詳しくは文献 [26] などを参照．同じ結果はボルン・マルコフ近似でも得られる [34]．

たもの）が成り立つということである：

$$\frac{R_\nu(1|0)}{R_\nu(0|1)} = e^{-\beta_\nu(\varepsilon-\mu_\nu)}. \tag{3.111}$$

したがって，このモデルでは第二法則やゆらぎの定理が成り立つ．

定常状態を計算しておこう．マスター方程式の定常解 $P_{\rm ss}(x)$ は $P_{\rm ss}(1) = (\gamma_{\rm l} f_{\rm l}(\varepsilon) + \gamma_{\rm r} f_{\rm r}(\varepsilon))/(\gamma_{\rm l} + \gamma_{\rm r})$ と得られ，定常状態における電子数の流れは

$$J_{\rm ss}(1|0) := R_{\rm l}(1|0)P_{\rm ss}(0) - R_{\rm l}(0|1)P_{\rm ss}(1) = \frac{2\pi}{\hbar}\frac{\gamma_{\rm l}\gamma_{\rm r}}{\gamma_{\rm l}+\gamma_{\rm r}}(f_{\rm l}(\varepsilon) - f_{\rm r}(\varepsilon)) \tag{3.112}$$

となる [38]．熱流は $(\varepsilon - \mu_{\rm l})J_{\rm ss}$ である．エントロピー生成 (3.34) は $\dot{\sigma}_{\rm ss} = J_{\rm ss}[\varepsilon(\beta_{\rm r} - \beta_{\rm l}) + (\beta_{\rm l}\mu_{\rm l} - \beta_{\rm r}\mu_{\rm r})]$ で与えられる．また線形領域では，式 (3.38) で定義されるオンサーガー係数は

$$L_{QQ} = (\varepsilon - \mu_{\rm l})^2 K,\ L_{NN} = K,\ L_{QN} = L_{NQ} = (\varepsilon - \mu_{\rm l})K \tag{3.113}$$

となる．ここで K は，$\varepsilon \simeq \mu_{\rm l}$ $(\simeq \mu_{\rm r})$ の場合には $K := (\pi/2\hbar)\cdot\gamma_{\rm l}\gamma_{\rm r}/(\gamma_{\rm l}+\gamma_{\rm r})$ と与えられる．オンサーガーの相反定理と強結合条件がともに成り立っていることが確かめられる．

このように，単一の量子ドットからなる熱電デバイスは，強結合条件 $ZT = \infty$ を満たし，したがってカルノー効率を達成できる．同じ量子ドットを n 個並列に（相互作用なく）並べた場合も，オンサーガー係数がすべて n 倍になるだけなので依然として $ZT = \infty$ である．一方で，エネルギー準位にばらつきがある量子ドットを並べた場合（各エネルギー準位を ε_i とする），$L_{QQ} = \sum_i (\varepsilon_i - \mu_{\rm l})^2 K$，$L_{NN} = nK$，$L_{QN} = L_{NQ} = \sum_i (\varepsilon_i - \mu_{\rm l})K$ で，$ZT < \infty$ となり強結合条件を破る．すなわち，量子ドット熱機関を大規模化するうえでは，精度よくエネルギー準位を揃えることが重要になる．

3.4.5 時間反転対称でない変数

ここで時間反転対称ではない変数がある場合について簡単に議論し，これま

[38] なお，電流は $I_{\rm ss} := -eJ_{\rm ss}$（$e$ は素電荷），電位差は $V := -(\mu_{\rm l} - \mu_{\rm r})/e$ であり，コンダクタンスは $G := I_{\rm ss}/V$ から計算できる．

での議論とどこが変わるのかを整理しておこう[39]．すなわち $x \neq x^*$（運動量があるときなど）や $\lambda \neq \lambda^*$（磁場など）となる場合を考える．ただし，システムのエネルギー（ハミルトニアン）は時間反転対称であり，$E_x(\lambda) = E_{x^*}(\lambda^*)$ を満たすと仮定する．

マスター方程式は式 (3.80) と同じ形で与えられ，熱浴 ν に対応する遷移レートを $R_\nu(x'|x;\lambda)$ とする．対応するエスケープ・レートは $\gamma(x';\lambda) := \sum_{x(\neq x'),\nu} R_\nu(x|x';\lambda)$ と定義されるが，これが時間反転で変化しない，すなわち

$$\gamma(x';\lambda) = \gamma(x'^*;\lambda^*) \tag{3.114}$$

であると仮定しておく[40]．

熱浴ごとの詳細つり合い条件 (3.98) には少し修正が必要である．$x \neq x'$ に対して

$$\frac{R_\nu(x'|x;\lambda)}{R_\nu(x^*|x'^*;\lambda^*)} = e^{-\beta_\nu(E_{x'}(\lambda)-E_x(\lambda))} \tag{3.115}$$

を詳細つり合い条件と呼ぶことにする[41]．ここから，エントロピー生成は

$$\begin{aligned}
\dot{\sigma}(t) &:= \frac{dS(t)}{dt} - \sum_\nu \beta_\nu \dot{Q}_\nu(t) \\
&= \sum_{x\neq x',\nu} R_\nu(x'|x;\lambda(t))P(x,t)\ln\frac{R_\nu(x'|x;\lambda(t))P(x,t)}{R_\nu(x^*|x'^*;\lambda^*(t))P(x',t)} \\
&\geq \sum_{x\neq x',\nu} [R_\nu(x'|x;\lambda(t))P(x,t) - R_\nu(x^*|x'^*;\lambda^*(t))P(x',t)] \\
&= \sum_x \gamma(x;\lambda(t))P(x,t) - \sum_{x'} \gamma(x'^*;\lambda^*(t))P(x',t) \\
&= 0
\end{aligned} \tag{3.116}$$

となることがわかる．3 行目の不等号は式 (3.101) と同様であり，5 行目を得る

39) 本項の議論は，本書では以後使わない．

40) さらに，熱浴ごとのエスケープ・レート $\gamma_\nu(x';\lambda) := \sum_{x(\neq x')} R_\nu(x|x';\lambda)$ が時間反転対称であり $\gamma_\nu(x';\lambda) = \gamma_\nu(x'^*;\lambda^*)$ を満たすと仮定する方が，物理的により自然とも考えられる．その場合は単一の熱浴だけを取り出しても（他の熱浴との接触を切っても）以下の議論が成り立つからである．

41) ただし，これを式 (3.98) の「詳細つり合い条件」とは区別して，「時間反転対称性」と呼ぶこともある．

のに式 (3.114) を用いた．

熱浴が 1 つしかなく，λ が時間依存しない場合を考えよう．カノニカル分布を $P_{\rm can}(x;\lambda) := e^{\beta(F_{\rm eq}(\lambda)-E_x(\lambda))}$ とすると，詳細つり合い条件 (3.115) より

$$R(x'|x;\lambda)P_{\rm can}(x;\lambda) = R(x^*|x'^*;\lambda^*)P_{\rm can}(x';\lambda) \tag{3.117}$$

が成り立つ．これと式 (3.114) から，$P_{\rm can}(x;\lambda)$ が式 (3.80) の定常分布であることがわかる．

3.5 非平衡定常熱力学

非平衡系において，異なる温度の熱浴が複数ある場合や非保存力がある場合などは，全体として詳細つり合いが破れているため，外部駆動がない定常状態でもカレントがあり，正のエントロピー生成が生じる．そのため，通常のエントロピー生成 σ だけでは，定常状態からのずれを特徴づけるのに十分ではない（一方で，定常状態が平衡であれば $\sigma = 0$ になるため，平衡からのずれを $\sigma > 0$ によって特徴づけられる）．そこで，外部駆動によって余分に生じたエントロピー生成と，定常状態においても常に生じているエントロピー生成を分けることができれば，非平衡ダイナミクスについてのより詳細な特徴づけが可能になるだろう [81]．前者を過剰 (excess) エントロピー生成，後者を維持 (housekeeping) エントロピー生成と呼ぶ（図 3.3 のイメージ図も参照）．すなわち，過剰エントロピー生成がノンゼロであることによって，非平衡定常状態からのずれを特徴づけたいわけである．本節ではマルコフジャンプ過程の場合についてこのアイデアを定量化しよう（オーバーダンプなランジュバン系の場合は付録 B.2 を参照）．なお，以下では再び $x = x^*$ とする [42]．

複数の熱浴があり，全エントロピー生成 $\sigma(t)$ は式 (3.101) の 3 行目の形で与えられるとする．各瞬間の $R(x'|x;t) = \sum_\nu R_\nu(x'|x;t)$ に対する定常状態 $P_{\rm ss}(x;t)$ を

$$\sum_{x(\neq x')} [R(x'|x;t)P_{\rm ss}(x;t) - R(x|x';t)P_{\rm ss}(x';t)] = 0 \tag{3.118}$$

[42] 以下の議論は，$x \neq x^*$ となる変数があるとうまくいかないことが知られている．

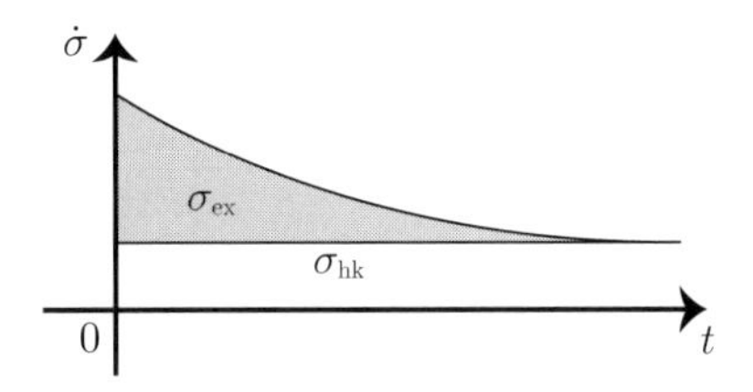

図 3.3 過剰エントロピー生成 σ_{ex} と維持エントロピー生成 σ_{hk}. ここでは，各瞬間の操作パラメータに対応する定常状態自体は時間依存しない（したがって $\dot{\sigma}_{\mathrm{hk}}$ は時間依存しない）場合を図示している.

によって定義する．これを用いて，$R_\nu(x'|x;t)$ の双対 (dual) と呼ばれる遷移レートを，$x \neq x'$ に対して

$$\tilde{R}_\nu(x'|x;t) := \frac{R_\nu(x|x';t)P_{\mathrm{ss}}(x';t)}{P_{\mathrm{ss}}(x;t)} \tag{3.119}$$

と定義する．また，$\tilde{R}(x'|x;t) := \sum_\nu \tilde{R}_\nu(x'|x;t)$ とおく．もし熱浴が 1 つしかなく，各時刻ごとの詳細つり合いが満たされているならば，式 (3.92) より $\tilde{R}(x'|x;t) = R(x'|x;t)$ となる．一般に熱浴が複数あり，全体として詳細つり合いが破れている場合は，双対レートは元の遷移レートとは異なるものになる．

一般に，双対レートは以下のような良い性質をもっている．まず，

$$\sum_{x'(\neq x)} \tilde{R}(x'|x;t) = \frac{\sum_{x'(\neq x)} R(x'|x;t)P_{\mathrm{ss}}(x;t)}{P_{\mathrm{ss}}(x;t)} = \sum_{x'(\neq x)} R(x'|x;t) \tag{3.120}$$

を満たす．すなわち，$R(x'|x;t)$ と $\tilde{R}(x'|x;t)$ は共通のエスケープ・レートをもつ[43]．さらに

$$\sum_{x(\neq x')} [\tilde{R}(x'|x;t)P_{\mathrm{ss}}(x;t) - \tilde{R}(x|x';t)P_{\mathrm{ss}}(x';t)] = 0, \tag{3.121}$$

すなわち $R(x'|x;t)$ と $\tilde{R}(x'|x;t)$ は共通の定常状態をもつこともわかる．

[43] これの意味することは，確率遷移行列のまま考えると理解しやすい．$T(x'|x)$ は $\sum_{x'} T(x'|x) = 1$ および $P_{\mathrm{ss}}(x') = \sum_x T(x'|x)P_{\mathrm{ss}}(x)$ を満たすとする．この双対を $\tilde{T}(x'|x) := T(x|x')P_{\mathrm{ss}}(x')/P_{\mathrm{ss}}(x)$ と定義する．なお $\tilde{T}(x|x) = T(x|x)$ である．このとき $\sum_{x'} \tilde{T}(x'|x) = 1$ が成り立ち，$\tilde{T}(x'|x)$ も確率遷移行列となっていることがわかる（遷移レート $R(x'|x)$ の観点からは，これはエスケープ・レートを変えないことに相当する）．また，$\sum_x \tilde{T}(x'|x)P_{\mathrm{ss}}(x) = P_{\mathrm{ss}}(x')$ も成り立つので，定常分布も $T(x'|x)$ と同じである．

双対レートを用いて，過剰エントロピー生成

$$\begin{aligned}\dot{\sigma}_{\mathrm{ex}}(t) &:= \sum_{x\neq x',\nu} R_\nu(x'|x;t)P(x,t)\ln\frac{R_\nu(x'|x;t)P(x,t)}{\tilde{R}_\nu(x|x';t)P(x',t)} \\ &= \frac{dS(t)}{dt} + \sum_{x\neq x',\nu} R_\nu(x'|x;t)P(x,t)\ln\frac{P_{\mathrm{ss}}(x';t)}{P_{\mathrm{ss}}(x;t)}\end{aligned} \tag{3.122}$$

および維持エントロピー生成

$$\begin{aligned}\dot{\sigma}_{\mathrm{hk}}(t) &:= \sum_{x\neq x',\nu} R_\nu(x'|x;t)P(x,t)\ln\frac{R_\nu(x'|x;t)}{\tilde{R}_\nu(x'|x;t)} \\ &= \sum_{x\neq x',\nu} R_\nu(x'|x;t)P(x,t)\ln\frac{R_\nu(x'|x;t)P_{\mathrm{ss}}(x;t)}{R_\nu(x|x';t)P_{\mathrm{ss}}(x';t)}\end{aligned} \tag{3.123}$$

を定義しよう [44]．これらを合計すると全エントロピー生成になる：

$$\dot{\sigma}(t) = \dot{\sigma}_{\mathrm{ex}}(t) + \dot{\sigma}_{\mathrm{hk}}(t). \tag{3.124}$$

なお，式 (3.122) の 2 行目の第 2 項を $-\beta\dot{Q}_{\mathrm{ex}}$ とおくと，$\dot{Q}_{\mathrm{ex}}$ は過剰熱と呼ばれることがある．

$R_\nu(x'|x)$ が t に依存せず，システムの分布が定常状態 $P_{\mathrm{ss}}(x)$ にある場合は，$\dot{\sigma} = \dot{\sigma}_{\mathrm{hk}}$，$\dot{\sigma}_{\mathrm{ex}} = 0$ となることが確かめられる．一方で，熱浴が 1 つしかなく，各時刻ごとの詳細つり合いが満たされている場合は，$\dot{\sigma}(t) = \dot{\sigma}_{\mathrm{ex}}(t)$，$\dot{\sigma}_{\mathrm{hk}} = 0$ となる．これらの性質は，過剰エントロピー生成と維持エントロピー生成を導入する際のモチベーションとなった議論と一致している．

これらのエントロピー生成がそれぞれ非負であることを見よう．まず過剰エントロピー生成については，式 (3.101) と同様にして $\ln(t^{-1}) \geq 1-t$ を式 (3.122) の 1 行目に用いると，

$$\dot{\sigma}_{\mathrm{ex}}(t) \geq \sum_{x\neq x',\nu} \left[R_\nu(x'|x;t)P(x,t) - \tilde{R}_\nu(x|x';t)P(x',t)\right] = 0 \tag{3.125}$$

となる（最後の等式で式 (3.120) を用いた）．なお，式 (3.122) の 2 行目から，

[44] 添え字の ex と hk は，それぞれ excess と housekeeping を意味する．なお，これらはそれぞれ nonadiabatic/adiabatic エントロピー生成と呼ばれることもある [82,83]．

$$\dot{\sigma}_{\rm ex} = -\frac{\partial}{\partial t'} S(P(t')||P_{\rm ss}(t))\Big|_{t=t'} \geq 0 \tag{3.126}$$

が成り立つ．これは式 (3.102) の一般化であり，過剰エントロピー生成の非負性が，付録 A.3 で議論する KL 情報量の単調性の直接の帰結であることがわかる．この意味で，過剰エントロピー生成は情報理論的に自然な概念であると言える．また，維持エントロピー生成についても，式 (3.123) の 1 行目から

$$\dot{\sigma}_{\rm hk}(t) \geq \sum_{x \neq x', \nu} [R_\nu(x'|x;t)P(x,t) - \tilde{R}_\nu(x'|x;t)P(x,t)] = 0 \tag{3.127}$$

となる（最後の等式で式 (3.120) を用いた）．

なお，以上のようなエントロピー生成の分解は，確率的エントロピー生成のレベルで可能である．いま，式 (3.105) のような記法で $P[\boldsymbol{x}_\tau|\boldsymbol{\lambda}_\tau]$ を順過程の経路確率とする．また，双対レート $\tilde{R}(x'|x;t)$ を用いて双対過程（マスター方程式 (3.80) の R を $\tilde{R}$ で置き換えて得られるマルコフジャンプ過程）を定義して，$\tilde{P}[\boldsymbol{x}_\tau|\boldsymbol{\lambda}_\tau]$ をその経路確率とする．このとき，確率的な過剰エントロピー生成と維持エントロピー生成は，それぞれ

$$\hat{\sigma}_{\rm ex}[\boldsymbol{x}_\tau, \boldsymbol{\lambda}_\tau] := \ln \frac{P[\boldsymbol{x}_\tau|\boldsymbol{\lambda}_\tau]}{\tilde{P}[\boldsymbol{x}_\tau^\dagger|\boldsymbol{\lambda}_\tau^\dagger]}, \quad \hat{\sigma}_{\rm hk}[\boldsymbol{x}_\tau, \boldsymbol{\lambda}_\tau] := \ln \frac{P[\boldsymbol{x}_\tau|\boldsymbol{\lambda}_\tau]}{\tilde{P}[\boldsymbol{x}_\tau|\boldsymbol{\lambda}_\tau]} \tag{3.128}$$

と書ける．これらのアンサンブル平均が式 (3.122) や (3.123) の時間積分に一致することは容易に確かめられる．さらに式 (3.124) に対応して，個々の経路のレベルでも $\hat{\sigma}[\boldsymbol{x}_\tau, \boldsymbol{\lambda}_\tau] = \hat{\sigma}_{\rm ex}[\boldsymbol{x}_\tau, \boldsymbol{\lambda}_\tau] + \hat{\sigma}_{\rm hk}[\boldsymbol{x}_\tau, \boldsymbol{\lambda}_\tau]$ が成り立つ．ただし双対過程の逆過程の初期状態は $P(x,\tau)$ にとる．

式 (3.128) は定義自体が詳細ゆらぎの定理 (3.7) の形をしていることに注意しよう．したがって，たとえば積分型ゆらぎの定理

$$\langle e^{-\hat{\sigma}_{\rm ex}} \rangle = 1, \quad \langle e^{-\hat{\sigma}_{\rm hk}} \rangle = 1 \tag{3.129}$$

がそれぞれに対して成り立つ．このように，通常のゆらぎの定理で逆過程に相当するところ（式 (3.128) の対数の中の分母）のダイナミクスを異なるものにとっても積分型ゆらぎの定理が成り立つことは，非平衡統計力学でしばしば用いられる手法である．なお，これらのうち $\hat{\sigma}_{\rm ex}$ についてのゆらぎの定理は，しばしば波多野・佐々 (Hatano-Sasa) 等式と呼ばれる [84].

非平衡定常熱力学の他の流儀

式 (3.122) は，ちょうど平衡熱力学で熱測定からシャノン・エントロピーが得られたように，非平衡定常系でも過剰熱の測定からシャノン・エントロピーが得られることを示唆している．これはシャノン・エントロピーが非平衡定常熱力学においても熱力学ポテンシャルのような役割を果たしていることを意味する．このように熱力学ポテンシャルとの対応をもつ過剰熱の定義は，他の流儀も探求されてきた（たとえば文献 [85–88]）．

もっとも素朴な定義は，熱の期待値 $\dot{Q}$ から，その瞬間の操作パラメータに対応する定常熱流の期待値 $\dot{Q}_{\rm ss}$ を差し引いた $\dot{Q}-\dot{Q}_{\rm ss}$ を考えることである [85,86]．非定常な熱流が測定できるならば定常熱流も測定できるはずなので，これは実験的に測定しやすい量であると考えられる．しかしこの素朴な定義では，非平衡定常熱力学をうまく構築することはできないと考えられている．実際，この定義では，シャノン・エントロピーのような熱力学ポテンシャルは存在しないことが知られている [86]．それは $\dot{Q}-\dot{Q}_{\rm ss}$ が，たとえ準静過程であっても本質的に操作経路に依存するためである（平衡熱力学で $\int d'Q/T$ が経路に依存せずエントロピーを定義できたことと対照的である）．これは古典確率過程におけるベリー位相の効果としても理解できる．非平衡性についてほぼ線形の領域 [85] 以外では，エントロピーのような熱力学ポテンシャルは一般には存在しないことを示せる．

3.6　熱力学不確定性関係

熱力学において，カレントとエントロピー生成の関係は重要である．たとえば，もしカレントがゼロでなく，同時にエントロピー生成をゼロにできれば，有限パワーとカルノー効率を両立できる熱機関を作れることになる．そのようなことが可能だろうか．またより一般に，パワーと効率の関係にはどのような原理的な制約があるのだろうか（本章冒頭の脚注 2) も参照）．

この問題に本質的な解答を与えるのが，近年発見された熱力学不確定性関係

(thermodynamic uncertainty relation) と呼ばれる関係式である [45]．これは，カレントの期待値と分散，そしてエントロピー生成の間のトレードオフ関係を与える不等式であり，非線形非平衡領域でも普遍的に成り立つ．

以下では熱力学不確定性関係の定式化と証明，そしてパワーと効率のトレードオフへの応用を述べよう．本節ではマルコフジャンプ過程の場合について議論するが，同様の議論はランジュバン系でも成り立つ（付録 B.2 を参照）．なお熱浴は複数あってよく，3.2.1 項で議論したような化学ポテンシャルの効果を含めることもできる．

3.6.1 熱力学不確定性関係の一般形

まずは熱力学不確定性関係の一般的な形について，結果だけ述べよう．D を反対称性 $D^{\nu}_{x,x'} = -D^{\nu}_{x',x}$ を満たす物理量とする（一般に熱浴 ν への依存性をもつとした）．これに対応したカレントを時刻 0 から τ まで積算したものを，x の経路（および遷移を引き起こす熱浴 ν の履歴）の関数として $\hat{\mathcal{J}}_D[\boldsymbol{x}_\tau]$ と書くと，式 (3.106) と同様の記法で $\hat{\mathcal{J}}_D[\boldsymbol{x}_\tau] := \sum_{k=1}^{K} D^{\nu_k}_{x_k,x_{k-1}}$ と定義される．なお，瞬間的なカレントを $\hat{\dot{\mathcal{J}}}_D$ とすると，その時刻 t におけるアンサンブル平均は

$$J_D(t) := \langle \hat{\dot{\mathcal{J}}}_D \rangle = \sum_{x' \geq x, \nu} J_\nu(x'|x;t) D^{\nu}_{x',x} = \sum_{x \neq x', \nu} K_\nu(x',x;t) D^{\nu}_{x',x} \tag{3.130}$$

で与えられる．ここで $K_\nu(x',x;t) := R_\nu(x'|x;t)P(x,t)$ とおいた．また，積算カレント $\hat{\mathcal{J}}_D[\boldsymbol{x}_\tau]$ の分散を $\langle \Delta \hat{\mathcal{J}}_D^2 \rangle$ と書く．

まずは，外部操作がない（遷移レートが時間依存しない）場合を考え，かつ確率分布も定常であるとしよう．このとき，

$$\sigma \geq 2 \frac{\langle \hat{\mathcal{J}}_D \rangle^2}{\langle \Delta \hat{\mathcal{J}}_D^2 \rangle} \tag{3.131}$$

が成り立つ [89, 90]．これが，定常状態・有限時間の熱力学不確定性関係である [46]．エントロピー生成 σ が 0 のときは，カレントの平均 $\langle \hat{\mathcal{J}}_D \rangle$ がゼロである

---

[45] 量子力学の不確定性関係とはまったく関係ない．

[46] 磁場のように時間反転で符号を変える変数があるときは，この不等式はそのままでは破れうる．たとえば磁場のあるバリスティックな輸送の場合は，右辺のファクター 2 を修正した形の不等式が成り立つ [91]．

か，またはその分散 $\langle\Delta\hat{\mathcal{J}}_D^2\rangle$ が発散していることが必要である．

また，一般に確率分布が非定常であり，さらに遷移レートが時間依存しているとしよう．特に，操作パラメータ λ を用いて $R_\nu(x'|x;\lambda(vt))$ と書けるとする．ここで v は操作速度を特徴づけるパラメータである．このとき，

$$\sigma \geq 2\frac{\left(\tau J_D(\tau) - v\frac{\partial}{\partial v}\langle\hat{\mathcal{J}}_D\rangle\right)^2}{\langle\Delta\hat{\mathcal{J}}_D^2\rangle} \tag{3.132}$$

が成り立つ [92–94]．これが一般的な形での熱力学不確定性関係である [47]．ここで $J_D(\tau)$ は終時刻 τ における瞬間的なカレントである．外部操作がなく，かつ分布が定常のときは，$\tau J_D(\tau) = \langle\hat{\mathcal{J}}_D\rangle$ なので式 (3.132) は式 (3.131) に帰着することがわかる．

以上の熱力学不確定性関係の証明はテクニカルであるが，大偏差原理を用いた方法 [90] や，情報理論的な方法 [93,95,96] が知られている．後者の方法による式 (3.131) の証明を 3.6.4 項で述べる．

3.6.2 短時間の熱力学不確定性関係

さて，式 (3.131) の短時間極限 $\tau \to 0$ を考えることは有用である．この極限では議論がかなり簡単化されるが，エントロピー生成の推定や，効率とパワーのトレードオフといった重要な応用がある．

まず，短時間極限で式 (3.131) の左辺は $\dot{\sigma}\tau$ となる．右辺の分子は $J_D^2\tau^2$ で与えられる．右辺の分母は，$\langle\hat{\mathcal{J}}_D\rangle = O(\tau)$ に注意して

$$\langle\Delta\hat{\mathcal{J}}_D^2\rangle = \langle\hat{\mathcal{J}}_D^2\rangle + O(\tau^2) = \sum_{x'\neq x,\nu} K_\nu(x',x;t)(D_{x',x}^\nu)^2\tau + O(\tau^2) \tag{3.133}$$

となる．ここで $\Delta_D := \sum_{x'\neq x,\nu} K_\nu(x',x;t)(D_{x',x}^\nu)^2$ と書こう．すると式 (3.131) の $\tau \to 0$ 極限は

$$\dot{\sigma} \geq 2\frac{J_D^2}{\Delta_D} \tag{3.134}$$

に帰着する．これが短時間の熱力学不確定性関係である [48]．なお，もとの式

[47] さらに離散時間への一般化もある．文献 [93] などを参照．

[48] このような形の不等式は量子系でも成り立つ [97,98]．ただしエネルギー準位の縮退がある場合は，Δ_D に相当する項に量子効果による補正が加わる [98]．

(3.131) は定常分布についてのものであったが，いまは一瞬だけを考えているので，分布が非定常であったり外部操作があったりしても，各瞬間ごとに式 (3.134) が成り立つことに注意しよう．

式 (3.134) は以下のように直接証明できる [99,100]．式 (3.101) より

$$\dot{\sigma} = \frac{1}{2} \sum_{x \neq x', \nu} (K_\nu(x', x; t) - K_\nu(x, x'; t)) \ln \frac{K_\nu(x', x; t)}{K_\nu(x, x'; t)} \tag{3.135}$$

と書ける．ここで不等式

$$\frac{a-b}{2} \ln \frac{a}{b} \geq \frac{(a-b)^2}{a+b} \tag{3.136}$$

を用いると [49)]，

$$\dot{\sigma} \geq \sum_{x \neq x', \nu} \frac{(K_\nu(x', x; t) - K_\nu(x, x'; t))^2}{K_\nu(x', x; t) + K_\nu(x, x'; t)} =: \dot{\bar{\sigma}} \tag{3.137}$$

を得る．コーシー・シュワルツ (Cauchy–Schwarz) の不等式 [50)] を用いると，

$$\begin{aligned} \frac{\Delta_D \dot{\bar{\sigma}}}{2} &= \frac{1}{4} \sum_{x \neq x', \nu} (D^\nu_{x', x})^2 (K_\nu(x', x; t) + K_\nu(x, x'; t)) \sum_{x \neq x', \nu} \frac{(K_\nu(x', x; t) - K_\nu(x, x'; t))^2}{K_\nu(x', x; t) + K_\nu(x, x'; t)} \\ &\geq \frac{1}{4} \left(\sum_{x \neq x', \nu} D^\nu_{x', x} (K_\nu(x', x; t) - K_\nu(x, x'; t)) \right)^2 = J_D^2 \end{aligned} \tag{3.138}$$

となり，式 (3.134) が示された．

式 (3.138) の等号成立は

$$D^\nu_{x', x} = c \frac{K_\nu(x', x; t) - K_\nu(x, x'; t)}{K_\nu(x', x; t) + K_\nu(x, x'; t)} \tag{3.139}$$

のときであり（c は任意の比例定数），このとき $J_D = c\dot{\bar{\sigma}}/2$ が成り立つ．一方，式 (3.137) の等号は，マルコフジャンプ過程では一般には達成できない（達成で

---

49) これは以下のように示せる [99]．$a > b$ のとき，$u := b/a$ とおくと $0 < u < 1$．この範囲で，示すべき不等式の両辺を $a-b$ でわったものは，$g(u) := -\ln u - 2(1-u)/(1+u) \geq 0$ と等価である．これは $g(1) = 0$，$u > 0$ で $g'(u) \leq 0$ からわかる．

50) 実数 a_i, b_i に対して $\left(\sum_i a_i b_i\right)^2 \leq \left(\sum_i a_i^2\right)\left(\sum_i b_i^2\right)$．

きるのは，詳細つり合いが成り立ち $\dot{\sigma} = \dot{\tilde{\sigma}} = 0$ となる自明な場合である）．しかしランジュバン極限（マルコフジャンプ過程からランジュバン系を再現する極限）では，上記の $D_{x',x}$ を用いると，$\dot{\sigma} \neq 0$ であっても式 (3.137) の等号が達成できることが知られている [100,101]．すなわち，ランジュバン系の場合は，カレントを適切に選べば，式 (3.134) の等号を達成できる（付録 B.2 で明示的に示す）[51)]．

なお，式 (3.138) は各瞬間の量についての不等式だが，応用上は時間について積算した量が重要であることも多い．そこで非定常な場合や外部操作のある場合も含めて，時間について 0 から τ まで平均した

$$\bar{\sigma} := \frac{1}{\tau}\int_0^\tau dt\dot{\sigma}, \quad \bar{J}_D := \frac{1}{\tau}\int_0^\tau dt J_D, \quad \bar{\Delta}_D := \frac{1}{\tau}\int_0^\tau dt\Delta_D \tag{3.140}$$

を導入しよう．これらについても式 (3.138) と同じ形の不等式が成り立つ．実際，式 (3.138) を $J_D \leq \sqrt{\dot{\sigma}}\sqrt{\Delta_D/2}$ と書き直し，積分についてのコーシー・シュワルツの不等式 [52)] を使うと，

$$\bar{\sigma} \geq 2\frac{\bar{J}_D^2}{\bar{\Delta}_D} \tag{3.141}$$

を得る．

エントロピー生成の推定

エントロピー生成は確率分布の高次のキュムラントまで含むため，一般には実験的な測定は容易ではない．一方で，熱力学不確定性関係 (3.131) の右辺はカレントの平均と分散だけ（すなわち 2 次までのキュムラントだけ）を含んでいるため，より測定が容易である．そのため，式 (3.131) の右辺を σ の下からの推定とみなすことが提案されている [104]．すなわち，右辺を D について最大化し，それを σ の推定値として採用するのである．

しかし先述のように，式 (3.131) の等号は一般には達成できず，このような方法が良い推定値を与えるかどうかは自明ではない．また，非定常過程

51) 一方で，長時間の熱力学不確定性関係 (3.131) の等号は，ランジュバン系でも一般には達成できない．ただしここに補正項を加えた形の不等式は，ランジュバン系で等号を達成することができる [102]（関連する議論が文献 [103] にもある）．

52) t の実関数 A, B に対して $\left(\int dtAB\right)^2 \leq \int dtA^2 \int dtB^2$．

には使えないという問題もある.

一方, 短時間極限の熱力学不確定性関係 (3.134) は, ランジュバン系の場合は等号を達成できる. さらに非定常過程にも適用できる. そのため, 式 (3.134) の右辺を D について最大化したものを, 各瞬間ごとの $\dot{\sigma}$ の推定値として採用する方法が提案されている [100,101,105]. このような, 熱力学不確定性関係などを使ってエントロピー生成を推定する方法の開発は, 機械学習とも組み合わせながら活発に研究されている.

3.6.3 パワーと効率のトレードオフ

短時間の熱力学不確定性関係 (3.134) からパワーと効率のトレードオフを導いてみよう. 3.2.1 項の設定と記法を用いて, カレントとしてパワー $P := -J_N F_N T_{\mathrm{r}}$ を用いる (ここで T_{r} は低温熱浴の温度であった). 磁場などの時間反転で符号を変える変数はないと引き続き仮定する. このとき, 式 (3.134) は $\dot{\sigma} \geq 2P^2/\Delta_P$ となるが, エントロピー生成は

$$\dot{\sigma} = J_Q(\beta_{\mathrm{r}} - \beta_{\mathrm{l}}) - \beta_{\mathrm{r}} P = \frac{P}{T_{\mathrm{r}}}\left(\frac{\eta_{\mathrm{c}}}{\eta} - 1\right) \tag{3.142}$$

で与えられる. したがって

$$\frac{P}{\Delta_P} \leq \frac{1}{2T_{\mathrm{r}}}\left(\frac{\eta_{\mathrm{c}}}{\eta} - 1\right) \quad \Leftrightarrow \quad \frac{\eta}{\eta_{\mathrm{c}}} \leq \frac{1}{1 + 2PT_{\mathrm{r}}/\Delta_P} \tag{3.143}$$

が得られる. カルノー効率 $\eta = \eta_{\mathrm{c}}$ を達成するには, P が 0 であるか, Δ_P が発散している必要があることがわかる [53]. すなわち, カルノー効率と有限パワーの両立は基本的に (ゆらぎの発散がない限り) 不可能であることがわかる. また式 (3.141) より, 時間平均した量についても, 式 (3.143) において P を $\bar{P}$ に, Δ_P を $\bar{\Delta}_P$ に置き換え, $\eta := \bar{P}/\bar{Q}_{\mathrm{l}}$ としたものが成り立つ.

なお, このようなパワーと効率のトレードオフの議論と本質的に同じ議論を最初に行ったのは, 白石・齊藤・田崎である [99]. 彼らは式 (3.134) や式 (3.141) に相当する (形は微妙に異なる) 熱力学不確定性関係を導出し [54], そこから

[53] $T_{\mathrm{r}} \to 0$ という極限もありうる.

[54] 時間反転対称な変数のない場合は, 式 (3.138) において ν の和をとらない不等

$$\bar{P} \le \bar{\Theta}\eta(\eta_c - \eta) \tag{3.144}$$

というトレードオフ関係を導いた（$\bar{\Theta}$ はエネルギーのゆらぎに関係した量）．これは線形応答理論で得られた式 (3.54) と似た式であるが，式 (3.144) は非線形領域でも成り立つ．さらに磁場のように時間反転対称ではない操作パラメータがあっても成立するため，そのような状況でもカルノー効率と有限パワーの両立は（$\bar{\Theta}$ の発散がない限り）不可能であると言える．

なお，パワーと効率のトレードオフをより詳細に理解するために，システムのサイズ n を大きくしたとき，それらがどうスケールするかを考えることは有益であろう．分散 Δ_D が加法的であり，$O(n)$ でスケールすると仮定しよう．このとき，式 (3.134) からは，$J_D = O(n^{1/2})$，$\dot{\sigma} = O(1)$ というスケーリングが許されることがわかる．特にカレントとしてパワーをとると，$P = O(n^{1/2})$，$\eta - \eta_c = O(n^{-1/2})$ になる．このような場合は，エントロピー生成はミクロな量だが，カレントやパワーはマクロな（オーダー $O(n)$ の）量にはならない．一方で，カレントをマクロな量 $J_D = O(n)$ にしてしまうと，式 (3.134) からエントロピー生成もマクロな量 $\dot{\sigma} = O(n)$ になることに注意しよう [55]．具体例としては，3.4.4 項で議論した量子ドット熱機関の例で，量子ドットを n 個並列に並べることが考えられる．特に $ZT = \infty$ の量子ドットを（エネルギー準位を同じにして，相互作用なく）n 個並べる場合だと，オンサーガー係数がすべて $O(n)$ のオーダーになる．したがってこの場合は，式 (3.43) などからアフィニティを $F_Q + (L_{QN}/L_{QQ})F_N = O(n^{-1/2})$ となるように精密に調整すれば，上記のようなスケーリングを実現できることがわかる．

3.6.4　熱力学不確定性関係の証明

マルコフジャンプ過程の場合について，情報理論的な方法で式 (3.131) を証

式 $(J_D^{(\nu)})^2 \le \Delta_D^{(\nu)}\dot{\sigma}^{(\nu)}/2$ をまず導く．そこで再びコーシー・シュワルツを用いて $\left(\sum_\nu |J_D^{(\nu)}|\right)^2 \le \left(\sum_\nu \Delta_D^{(\nu)}\right)\dot{\sigma}/2$ を得る．一方で時間反転対称な変数のある場合は，このような論法は適用できない．特に式 (3.136) とは異なる不等式を用いる必要がある．また一般のカレントではなく，$D_{x',x} = A_{x'} - A_x$ の形に限定する必要がある．

[55] なお，量子系の場合は，量子効果を用いて Δ_D に相当する量を $O(n^2)$ でスケールさせることができるため，エネルギー流に関しておおまかに言って $J_D = O(n)$ かつ $\dot{\sigma} = O(1)$ のような状況が可能になる [98,106]．このときは $P = O(n)$，$\eta - \eta_c = O(n^{-1})$ になる．

明してみよう [93,95,96]．より一般の場合，式 (3.132) も本質的に同じ方法で証明が可能である．重要なアイデアは，パラメータづけられた経路確率に対して，付録 A.4 で述べる一般化クラメール・ラオ (Cramer-Rao) 不等式を適用することである．

マスター方程式 (3.80) を考え，その定常分布を $P(x)$ と書く．熱浴 ν の遷移レート $R_\nu(x'|x)$ をパラメータ $\theta \in \mathbb{R}$ を用いて以下のように変形しよう．まず $K_\nu(x',x) := R_\nu(x'|x)P(x)$ を用いて

$$Z_\nu(x',x) := \frac{K_\nu(x',x) - K_\nu(x,x')}{K_\nu(x',x) + K_\nu(x,x')} \tag{3.145}$$

と定義する．そして $x \neq x'$ について，

$$R_{\nu,\theta}(x'|x) := R_\nu(x'|x)\bigl(1 + \theta Z_\nu(x',x)\bigr) \tag{3.146}$$

としよう [56)]．この遷移レートについてのマスター方程式の解として定まる定常分布を $P_\theta(x)$，対応する確率流を $J_{\nu,\theta}(x'|x)$ とする．また，定常状態において x の経路 $\boldsymbol{x}_\tau$ が実現する経路確率 (3.105) を $P_\theta[\boldsymbol{x}_\tau]$ と書こう．この経路確率と，カレント $\hat{\mathcal{J}}_D$ に対して，付録 A.4 の一般化クラメール・ラオ不等式 (A.44) を適用したものを

$$\langle \Delta \hat{\mathcal{J}}_D^2 \rangle_\theta f_\theta \geq \Bigl(\partial_\theta \langle \hat{\mathcal{J}}_D \rangle_\theta\Bigr)^2 \tag{3.147}$$

とする．ここで $\partial_\theta := \partial/\partial\theta$，$\langle \cdots \rangle_\theta$ は $P_\theta[\boldsymbol{x}_\tau]$ についての平均，f_θ は $P_\theta[\boldsymbol{x}_\tau]$ から式 (A.43) で定められるフィッシャー情報量である．残るタスクは，$\partial_\theta \langle \hat{\mathcal{J}}_D \rangle_\theta$ と f_θ を計算することである．

まずは，$\partial_\theta \langle \hat{\mathcal{J}}_D \rangle_\theta$ を計算しよう．直接計算により

$$K_\nu(x',x)Z_\nu(x',x) - K_\nu(x,x')Z_\nu(x,x') = K_\nu(x',x) - K_\nu(x,x') \tag{3.148}$$

を得る．ここから，定常分布は θ に依存せず，$P_\theta(x) = P(x)$ であることがわかる．さらに定常分布において，$J_{\nu,\theta}(x'|x) = (1+\theta)J_\nu(x'|x)$ が成り立つ．したがってカレントの期待値 (3.130) は

56) ここで，$1 + \theta Z_\nu(x',x) > 0$ がすべての $x \neq x'$，ν に対して成り立つように，$|\theta|$ が十分に小さいとしておく．このような θ の範囲だけを考えれば以下の議論には十分である．

$$J_{D,\theta} := \sum_{x' \geq x, \nu} J_{\nu,\theta}(x'|x) D^{\nu}_{x',x} = (1+\theta) \sum_{x' \geq x, \nu} J_{\nu}(x'|x) D^{\nu}_{x',x} = (1+\theta) J_D \tag{3.149}$$

となる[57]．定常状態において $\langle \hat{\mathcal{J}}_D \rangle_\theta = \tau J_{D,\theta}$ であることに注意すると，結局

$$\partial_\theta \langle \hat{\mathcal{J}}_D \rangle_\theta = \langle \hat{\mathcal{J}}_D \rangle \tag{3.151}$$

を得る．右辺は $\theta = 0$ での期待値である．

次に f_θ を計算しよう．経路確率は，3.4 節の式 (3.104) と同じ記法で

$$P_\theta[\boldsymbol{x}_\tau] \propto e^{-\gamma_\theta(x_K)(\tau - \tau_K)} \prod_{k=1}^{K} \left[R_{\nu_k,\theta}(x_k|x_{k-1}) e^{-\gamma_\theta(x_{k-1})(t_k - t_{k-1})} \right] P(x_0) \tag{3.152}$$

で与えられる．ここで $\gamma_\theta(x') := \sum_{x(\neq x'),\nu} R_{\nu,\theta}(x|x')$ は θ の線形関数である．この経路確率に対応するフィッシャー情報量を，付録 A.4 の式 (A.43) の最右辺の定義を用いて計算しよう．まず

$$\partial_\theta^2 \left(\ln P_\theta[\boldsymbol{x}_\tau] \right) = \sum_{k=1}^{K} \partial_\theta^2 \left(\ln R_{\nu_k,\theta}(x_k|x_{k-1}) \right) = -\sum_{k=1}^{K} \frac{R_{\nu_k}(x_k|x_{k-1})^2 Z_{\nu_k}(x_k, x_{k-1})^2}{R_{\nu_k,\theta}(x_k|x_{k-1})^2} \tag{3.153}$$

である．この $\theta = 0$ での期待値をとることで，

$$f_{\theta=0} = \left\langle \sum_{k=1}^{K} Z_{\nu_k}(x_k, x_{k-1})^2 \right\rangle = \frac{\tau}{2} \sum_{x \neq x', \nu} \frac{(K_\nu(x', x) - K_\nu(x, x'))^2}{K_\nu(x', x) + K_\nu(x, x')} \tag{3.154}$$

を得る．この右辺とエントロピー生成の大小関係 (3.137) を用いると，

$$f_{\theta=0} \leq \frac{\sigma}{2}. \tag{3.155}$$

---

[57] この議論の本質は，$t \mapsto (1+\theta)t$ という時間のリスケーリングである．一般に，遷移レートは時間に依存しないが分布は非定常であるとき，式 (3.146) の形で変形された遷移レートに対するマスター方程式は

$$\frac{\partial P_\theta(x', t)}{\partial t} = (1+\theta) \sum_{x(\neq x')} [R(x'|x) P_\theta(x, t) - R(x|x') P_\theta(x', t)] + O(\theta^2) \tag{3.150}$$

と書ける．したがって，$P_\theta(x, t) = P(x, (1+\theta)t) + O(\theta^2)$ と時間発展がリスケールされる．ここから式 (3.132) 右辺の分子の第 1 項が得られる．遷移レートが時間に依存する場合は，$R_\nu(x'|x; t)$ の t 依存性はリスケールされないため，式 (3.132) 右辺の分子の第 2 項が補正項として現れる．

以上で得られた式 (3.151) と (3.155) を，式 (3.147) で $\theta=0$ とおいたものに代入することにより，熱力学不確定性関係 (3.131) が証明された．

3.6.5 熱力学的速度制限

最後に，熱力学不確定性関係と密接に関係した，熱力学的速度制限 (thermodynamic speed limit) に触れておこう．これはエントロピー生成と状態変化の速度を結びつける不等式である．

マルコフジャンプ過程において，初期時刻における確率分布 $P(x,0)$ が，時刻 $\tau>0$ において $P(x,\tau)$ に変化したとする．このときの分布の変化の「大きさ」は，

$$L := \sum_x |P(x,\tau)-P(x,0)| \tag{3.156}$$

で定量化することができる [58]．これを用いて，熱力学的速度制限は

$$\frac{L^2}{2\bar{\Delta}_1\sigma} \le \tau \tag{3.157}$$

で与えられる [107]．ここで $\Delta_1 := \sum_{x'\neq x,\nu} K_\nu(x',x;t)$，$\bar{\Delta}_1 := \frac{1}{\tau}\int_0^\tau dt\Delta_1$ とおいた．不等式 (3.157) は，「与えられた大きさ L だけ分布が変化するために要する時間 τ の下限は，エントロピー生成に反比例する」ということを主張している．すなわち，より速い変化を可能にするには，エントロピー生成がより大きくなくてはならない．これは熱力学不確定性関係と類似の性質である．

実際，以下に示すように，熱力学的速度制限 (3.157) の証明は，熱力学不確定性関係 (3.141) の証明とほぼ同じである．まず式 (3.137) および (3.138) とほぼ同様に，コーシー・シュワルツの不等式を 2 回用いて

$$2\Delta_1\dot{\sigma} \ge \left(\sum_{x'}\left|\sum_{x(\neq x'),\nu}(K_\nu(x',x;t)-K_\nu(x,x';t))\right|\right)^2 = \left(\sum_{x'}\left|\frac{\partial P(x',t)}{\partial t}\right|\right)^2 \tag{3.158}$$

を得る．この不等式の平方根をとって，さらに t で積分しよう．まず最左辺については，脚注 52) の不等式を使うと

[58] これはトレースノルム (trace norm) と呼ばれる．

$$\int_0^\tau dt\sqrt{2\Delta_1\dot{\sigma}} \le \sqrt{2\int_0^\tau dt\Delta_1\int_0^\tau dt\dot{\sigma}} = \sqrt{2\tau\bar{\Delta}_1\sigma}. \tag{3.159}$$

また，最右辺は

$$\sum_{x'}\int_0^\tau dt\left|\frac{\partial P(x',t)}{\partial t}\right| \ge \sum_{x'}\left|\int_0^\tau dt\frac{\partial P(x',t)}{\partial t}\right| = L. \tag{3.160}$$

以上により，式 (3.157) が示された．

第4章 情報熱力学

本章では情報熱力学の現代的な理論について詳しく議論する．特に，情報と熱力学量を対等に扱う形に一般化された熱力学第二法則を導出する．そこからフィードバックによって取り出せる仕事や，測定に要する仕事の原理的な限界を明らかにする．また，マクスウェルのデーモンのパラドックスがいかに解決されるかを明確にする．また，生体情報処理と関連の深い「自律的なマクスウェルのデーモン」についても議論する．

なお，本章では相互情報量についての基礎知識が前提となるので，なじみのない読者は先に A.2 節をご覧いただきたい．

4.1 フィードバックと第二法則

本節では，マクスウェルのデーモンがフィードバックによって取り出せる仕事量の上限を明らかにし，そのエントロピー収支について考察する．特に，相互情報量を含んだ形に一般化された熱力学第二法則 (4.11) を導出することを目標とする．

4.1.1 シラード・エンジン再訪

まずは準備として，マクスウェルのデーモンのもっともシンプルなモデルである，シラード・エンジン（図 1.3）について改めて考察しよう．特に「(iii) 測定 + (iv) フィードバック」によるエントロピーの変化をより詳しく見てみよう (表 4.1 も参照)．システムの状態として箱の左右のみを考え，左を $x = 0$，右を

$x = 1$ と書くことにする [1]．

まず，古典系に対する測定の反作用は，理想的には無視できることに注意しよう．ここで測定の反作用とは，システムとメモリの相互作用によって測定が行われたとき，測定結果を忘れても（すなわち，メモリに記録されている測定結果で条件づけなくても）生じるシステムの物理的な変化のことであり，システムの条件なし（測定結果で条件づけられていない）確率分布によって特徴づけられる．すなわち測定の反作用が無視できる場合とは，測定の前後でシステムの条件なし確率分布が変化しない場合である．シラード・エンジンの場合だと，$P(x)$ は測定の前後でいずれも $P(0) = P(1) = 1/2$ である [2]．したがって測定の前後でシャノン・エントロピーは $S(X) = \ln 2$ のままである．一方でフィードバックの後は確率 1 で $x = 0$ になるので，$S(X) = 0$ となる．すなわちフィードバックをしてはじめて，シャノン・エントロピー $S(X)$ が $\ln 2$ だけ減少することがわかる．

一方で，直観的には「測定をしたら左か右かわかるのだから，測定によってエントロピーが変わる（減る）はずだ」とも考えられるだろう．これは条件つき分布と条件つきエントロピーによって定量化される．すなわち測定によって変化するのは，系の物理的な状態（条件なしの分布 $P(x)$）ではなく，測定結果 $y = 0, 1$ に条件づけられた確率分布 $P(x|y)$ である（これは標語的に「観測者の知識が変化した」と言うことができるだろう）．シラード・エンジンの場合は測定に誤差がなく，常に $x = y$ であるため，$P(x|y)$ は $P(0|0) = P(1|1) = 1$，$P(1|0) = P(0|1) = 0$ である．対応して，条件付きシャノン・エントロピーは $S(X|0) = S(X|1) = 0$ となる（それらを y について平均すると $S(X|Y) = 0$ である）．一方で，条件なしの分布 $P(x)$ は，$P(x|y)$ を y について平均したもの（すなわち $\sum_y P(x|y)P(y) = P(x)$）であり，測定の前後で変化していない．

---

[1] 実際の粒子の位置は連続自由度であるが，ここでは左右のみを考えても本質は失われない．関連する議論は 4.4 節を参照．

[2] 量子系の場合は事情が異なる．たとえば，測定前の状態が左右の重ね合わせ $|\psi\rangle = (|0\rangle + |1\rangle)/\sqrt{2}$（すなわち，密度演算子で書くと $|\psi\rangle\langle\psi| = (|0\rangle\langle 0| + |1\rangle\langle 1| + |0\rangle\langle 1| + |1\rangle\langle 0|)/2$）だとすると，測定後の状態は測定結果を平均して $\hat{\rho}' = (|0\rangle\langle 0| + |1\rangle\langle 1|)/2$ となり，干渉項 $(|0\rangle\langle 1| + |1\rangle\langle 0|)/2$ が消える．これは量子系に不可避な測定の反作用である．一方で古典系の場合は，測定前の状態が $\hat{\rho}'$ であり元から干渉項がないので，（測定結果について平均すると）測定によって状態は変化しない．

このように，測定後・フィードバック前の状態においては，シャノン・エントロピー $S(X)$ と条件つきシャノン・エントロピー $S(X|Y)$ には $\ln 2$ の差がある．この差こそが，系の状態と測定結果の間の相互情報量

$$I(X:Y) = S(X) - S(X|Y) = \ln 2 \tag{4.1}$$

である．これが系の状態 x と測定結果 y の間の相関を表している．いまは測定に誤差がないので，$I(X:Y) = S(X)$ が成り立っている．

測定結果を用いたフィードバックの過程では，今度は $S(X|Y)$ は変化せず 0 のままであるが，$S(X)$ は $\ln 2$ から 0 に減少する．このように，$S(X)$ を減少させるには測定だけでなくフィードバックが必要である．以上のエントロピー変化を表 4.1 にまとめた．

表 4.1 シラード・エンジンのエントロピー収支．測定によって条件つきシャノン・エントロピー $S(X|Y)$ が 0 になるが，シャノン・エントロピー $S(X)$ は $\ln 2$ のまま変化しない．両者の差が相互情報量 $I(X:Y)$ である．その後のフィードバックによって，$S(X)$ が 0 に減少する．

	$S(X)$	$S(X\|Y)$	$I(X:Y)$
測定前	$\ln 2$	$\ln 2$	0
測定後	$\ln 2$	0	$\ln 2$
フィードバック後	0	0	0

4.1.2 情報熱力学の第二法則

以上のシラード・エンジンの考察をふまえて，一般的なフィードバックによって取り出せる仕事量について考えよう [48,49]．逆温度 β の熱浴に接触したシステム X を考える．これに対してデーモンが測定を行い結果 y を得て，それを用いたフィードバックを行う．ここでフィードバックとは，測定結果に応じて異なる操作をシステムに対して行うことを意味する．2.3 節などで議論したように，システムに対する操作は，エネルギー準位（ハミルトニアン）$E_x(\lambda(t))$ を操作するパラメータ $\lambda(t)$ の時間依存性によって特徴づけることができる．それが $\lambda(t;y)$ のように測定結果に依存するのが，フィードバックの一般的な定式化である（すなわち，操作プロトコル $\boldsymbol{\lambda}_\tau$ が y に依存し，$\boldsymbol{\lambda}_\tau(y)$ と書ける）．ただ

し因果律があるため，測定より後の時刻の $\lambda(t)$ のみが y に依存しうる．

初期状態におけるシステムの分布を $P(x)$，そのシャノン・エントロピーを $S(X)$ とする．ここでデーモンが測定を行い結果 y を得る[3]．測定誤差は，実際に x であったという条件のもとで結果 y を得る条件つき確率 $P(y|x)$ によって特徴づけられる．測定誤差がない場合は常に $x=y$ なので $P(y|x) = \delta_{xy}$ となる[4]．逆に，ある結果 y を得たという条件のもとで実際の状態が x である確率は，ベイズの定理

$$P(x|y) = \frac{P(y|x)P(x)}{P(y)} \tag{4.2}$$

で与えられる．対応する条件つきシャノン・エントロピーを $S(X|Y)$ とすると，測定で得られた相互情報量は $I(X:Y) = S(X) - S(X|Y)$ である．

デーモンは測定結果 y を用いたフィードバックを行う．システムの終状態 x' の確率分布を，y の条件のもとで $P(x'|y)$ と書くことにしよう．対応する条件つきシャノン・エントロピーを $S(X'|y)$，その y についての平均を $S(X'|Y)$ とする．終状態のシステムと（初期時刻で得られた）測定結果の間に残っている相互情報量は，$I(X':Y) = S(X') - S(X'|Y)$ である．シラード・エンジンの場合は $I(X':Y) = 0$ である．

フィードバックの過程では，それぞれの y の操作ごとに第二法則が成り立っていると考えられる．というのも，特定の y を決めると，それに対して操作プロトコル $\boldsymbol{\lambda}_\tau(y)$ は一意に定まるため，第2章で述べたような通常の第二法則が適用できるからである（この議論の妥当性については，4.3節でやや異なる観点からも述べる）．すなわち，ある y のもとでのシステムの吸熱を $Q(y)$ とすると，

$$S(X'|y) - S(X|y) \geq \beta Q(y) \tag{4.3}$$

が成り立つ．これを y について平均すると，$Q := \sum_y P(y)Q(y)$ として

$$S(X'|Y) - S(X|Y) \geq \beta Q \tag{4.4}$$

---

3) 測定が初期時刻ではなく，少し後の時刻の場合への拡張は容易であり，同様の結果が得られる．

4) ここで δ_{xy} はクロネッカーのデルタ．もし x, y が連続変数であれば，デルタ関数を用いて $P(y|x) = \delta(y-x)$ となる．

を得る．これを相互情報量を用いて書き直すと，

$$\sigma(X) := S(X') - S(X) - \beta Q \geq -(I(X:Y) - I(X':Y)) \tag{4.5}$$

となる．この左辺 $\sigma(X)$ は，フィードバックがない場合は，式 (2.26) で定義されたエントロピー生成そのものであり，必ず非負になる．式 (4.5) が意味していることは，デーモンによるフィードバックによって，システムのエントロピー生成が $-(I(X:Y) - I(X':Y))$ まで負になりうるということである．$I(X:Y)$ が測定で取得した相互情報量，$I(X':Y)$ がフィードバック後に残っている相互情報量なので，その差はフィードバックで使われた相互情報量（の上限）を表していると解釈できる（このような解釈が妥当である例を後で挙げる）．これは，システムのエントロピーを減らすことができる「リソース」が相互情報量であることを示唆している．なお，$I(X':Y) \geq 0$ なので，式 (4.5) からこの項を落とすと

$$\sigma(X) \geq -I(X:Y) \tag{4.6}$$

という不等式も得られる．ここで右辺は測定で得た相互情報量だけで与えられている．

式 (4.5) を仕事 W の観点から書き直してみよう．システムの初期状態，終状態の平均エネルギー（y についても平均したもの）を $E(X)$，$E(X')$ として，それぞれの非平衡自由エネルギーを $F(X) := E(X) - \beta^{-1}S(X)$，$F(X') := E(X') - \beta^{-1}S(X')$ とすると，

$$W \geq F(X') - F(X) - \beta^{-1}(I(X:Y) - I(X':Y)) \tag{4.7}$$

が得られる．ここで熱力学第一法則

$$E(X') - E(X) = Q + W \tag{4.8}$$

を用いた．なおここで，デーモン自身（測定結果を記録しておくメモリ）とシステムの間に直接のエネルギーのやり取りはないか，あったとしたらそれは仕事とカウントできると仮定している．システムから取り出す仕事を $W_{\mathrm{ext}} := -W$

とすると，これは

$$W_{\mathrm{ext}} \leq -(F(X') - F(X)) + \beta^{-1}(I(X:Y) - I(X':Y)) \tag{4.9}$$

となるので，測定で得た相互情報量（から残った相互情報量を引いたもの）までデーモンは多く仕事を取り出せることがわかる．

さらに特別な場合として，初期状態がカノニカル分布 $P_{\mathrm{can}}(x) = e^{\beta(F_{\mathrm{eq}} - E_x)}$ の場合を考えよう．終時刻におけるエネルギー準位（ハミルトニアン）は，操作パラメータ λ を通して測定結果に依存してもよい．それを $E_x(y)$ と書き，対応するカノニカル分布と平衡自由エネルギーを $P_{\mathrm{can}}(x'|y) = e^{\beta(F'_{\mathrm{eq}}(y) - E'_{x'}(y))}$ としよう．ただし，システムの終分布 $P(x'|y)$ はカノニカル分布とは限らないとする．

このとき，初期状態については $F(X) = F_{\mathrm{eq}}$ である．終状態については，条件つき非平衡自由エネルギー $F(X'|y) := E(X'|y) - \beta^{-1}S(X'|y)$ とすると（ここで $E(X'|y) := \sum_{x'} P(x'|y)E'_{x'}(y)$ であり，これは $\sum_y P(y)E(X'|y) = \sum_{x'y} P(x',y)E'_{x'}(y) =: E(X')$ を満たす），平衡自由エネルギーとの間に $F(X'|y) \geq F'_{\mathrm{eq}}(y)$ が成り立つ（等号成立は $P(x'|y) = P_{\mathrm{can}}(x'|y)$）．したがって

$$F(X') + \beta^{-1}I(X':Y) = F(X'|Y) := \sum_y P(y)F(X'|y) \geq \sum_y P(y)F'_{\mathrm{eq}}(y) =: F'_{\mathrm{eq}} \tag{4.10}$$

を得る．以上より，初期状態がカノニカル分布のときは，式 (4.9) から

$$W_{\mathrm{ext}} \leq -\Delta F_{\mathrm{eq}} + k_{\mathrm{B}}TI \tag{4.11}$$

を得る．ここで $\Delta F_{\mathrm{eq}} := F'_{\mathrm{eq}} - F_{\mathrm{eq}}$，$I := I(X:Y)$ と略記した．すなわち，取り出せる仕事量は，平衡自由エネルギーの差と，測定で得た相互情報量でバウンドされる．

以上の結果は，情報と熱力学量（仕事や熱）を対等な形で含むように一般化された第二法則，いわば情報熱力学の第二法則と言える．ここからも，デーモンが取り出せる仕事の「リソース」は相互情報量であると言えるだろう．この意味で，

$$\eta := \frac{W_{\text{ext}} + \Delta F_{\text{eq}}}{k_{\text{B}} T I} \leq 1 \tag{4.12}$$

が，相互情報量を仕事（と自由エネルギー）に変換する「情報熱力学効率」である．シラード・エンジンは式 (4.11) の等号を達成している（シラード・エンジンにおいては $W_{\text{ext}} = k_{\text{B}} T \ln 2$，サイクルなので $\Delta F_{\text{eq}} = 0$，$I = \ln 2$ である）．したがってシラード・エンジンの情報熱力学効率は 1 であり，もっとも効率のいい情報熱機関であると言える [5]．なお実際の実験においては，たとえばコロイド粒子で約 30% [38]，単一電子で約 75%の情報熱力学効率が実現している [40].

ここで熱浴が複数ある場合について簡単にリマークしておく．記号は 2.4 節や 3.1 節などを踏襲する．式 (2.40) に対応して，式 (4.5) は熱浴が複数の場合に

$$\sigma(X) := S(X') - S(X) - \sum_{\nu} \beta_{\nu} Q_{\nu} \geq -(I(X:Y) - I(X':Y)) \tag{4.13}$$

と拡張される．特に熱浴が 2 つ $\nu = \text{H}, \text{L}$ $(T_{\text{H}} > T_{\text{L}})$ の場合を考えよう．サイクルの場合は $Q_{\text{H}} + Q_{\text{L}} - W_{\text{ext}} = 0$ なので，式 (4.13) から

$$W_{\text{ext}} \leq \left(1 - \frac{T_{\text{L}}}{T_{\text{H}}}\right) Q_{\text{H}} + k_{\text{B}} T_{\text{L}} I(X:Y) \tag{4.14}$$

が得られる．これはカルノー限界 (2.42) の情報熱機関への一般化である．

最後に補足として，フィードバックのある状況に一般化された第二法則 (4.11) に対応して，一般化されたジャルジンスキー等式（3.1 節を参照）も存在することをリマークしておこう．システムがされる確率的な仕事を $\hat{W}$，確率的な相互情報量を $\hat{I}(x,y) := \ln[P(x,y)/P(x)P(y)]$ とすると，

$$\langle e^{\beta(\Delta F_{\text{eq}} - \hat{W}) - \hat{I}} \rangle = 1 \tag{4.15}$$

となる [49][6]．ここから凸不等式によって，式 (4.11) が得られる．フィードバッ

[5] もっとも効率のいい熱機関であるカルノー・サイクルが可逆であったように，シラード・エンジンにもある種の可逆性がある（フィードバック可逆性と呼ばれる [108]）．4.2 節および 4.3 節でも関連する問題を議論する．

[6] 終状態の平衡自由エネルギーが測定結果 y に依存しうるので，ΔF_{eq} をアンサンブル平均の中に入れた．また，3.1 節の脚注 12) の議論と同様の理由から，式 (4.15) を得るには $P(y|x) \neq 0$ がすべての (x,y) について成り立つと仮定する必要がある．一方，式 (4.5) などの不等式を得るにはこのような仮定は必要ない．

クがある場合は $\langle e^{\beta(\Delta F_{\rm eq}-\hat{W})}\rangle$ は一般に1からずれる．

4.1.3 具体例：2準位系

誤差のある測定の場合に，式(4.11)の等号を達成する例を考えよう．ここでは温度 T の熱浴と接触した2準位系を考え，2.4節の図2.3を応用したプロトコルを考える [108][7]．システムの状態を $x=0,1$ として，図4.1に示すプロトコルを考える．なお，このプロトコルは単一電子の実験でそのまま実装できる [40]．

(i) 初期状態は平衡状態であり，左右のエネルギー準位は縮退していて，x の確率分布は $P(0)=P(1)=1/2$ である．

(ii) 測定を行う．測定結果を $y=0,1$ とする．測定誤差は条件つき確率 $P(y|x)$ で特徴づけられる．誤り確率を $0\le\varepsilon\le 1$ として，$P(1|0)=P(0|1)=\varepsilon$, $P(0|0)=P(1|1)=1-\varepsilon$ とする（付録A.2の二値対称通信路を参照）．このとき，測定結果に条件づけられた確率 $P(x|y)$ も，$P(1|0)=P(0|1)=\varepsilon$, $P(0|0)=P(1|1)=1-\varepsilon$ で与えられる．

(iii) 次にフィードバックを行う（すなわち，測定結果 y に基づいた操作を行う）．もしも $y=0$ であれば，$x=1$ のエネルギー準位を ΔE に瞬間的に変化させる（クエンチする）．$y=1$ であれば $x=0$ のエネルギー準位を同様に変化させる．

(iv) 最後に，(iii) でクエンチした方のエネルギー準位を，ゆっくりと（準静的に）変化させ，縮退した状況に戻す．システムの分布は平衡状態になるので，初期状態に戻る．

以上のプロトコルで取り出せる仕事は，2.4節の図2.3で $p=1-\varepsilon$ とおいた場合とまったく同じである．最大の仕事が取り出せるのは，$P(x|y)$ がクエンチ後のエネルギー準位のカノニカル分布になっている場合，すなわち

$$\frac{e^{-\beta\Delta E}}{1+e^{-\beta\Delta E}}=\varepsilon \quad\Leftrightarrow\quad \Delta E=k_{\rm B}T\ln\frac{1-\varepsilon}{\varepsilon} \tag{4.16}$$

となる場合である．このときに取り出せる仕事量は，式(2.37)などより

[7] シラード・エンジンを誤差のある測定の場合に一般化することもできる [109]．

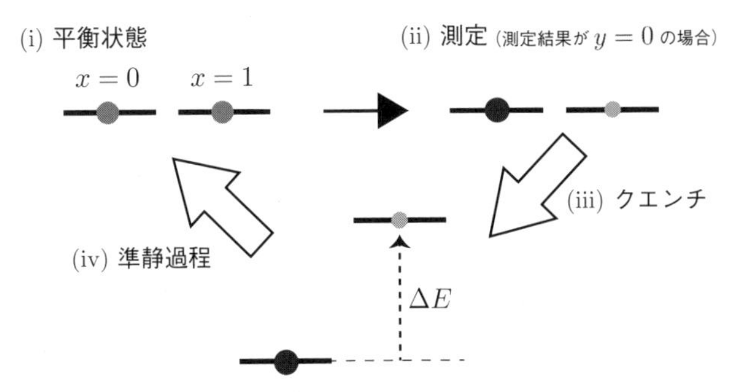

図 4.1 2 準位系の情報熱機関の模式図（測定結果が $y=0$ の場合）．ΔE をうまく選ぶことにより，第二法則 (4.11) の等号を達成できる．

$$W_{\rm ext} = k_{\rm B}T(\ln 2 - H(\varepsilon)) = k_{\rm B}TI \tag{4.17}$$

となり，測定で得た相互情報量 I と一致する（付録 A.2 の式 (A.25) も参照）．ここで $H(\varepsilon)$ は式 (2.35) で定義された関数である．サイクルで $\Delta F_{\rm eq}=0$ であるため，第二法則 (4.11) の等号が達成されていることがわかる．

特に，測定に誤差がない $\varepsilon=0$ の場合は，$\Delta E \to \infty$ とする必要があり，取り出せる仕事量は $W_{\rm ext}=k_{\rm B}T\ln 2$ となる．この極限は，オリジナルのシラード・エンジンの 2 準位系における対応物であるとみなせる．

一般の情報熱機関においても，式 (4.11) の等号を達成するプロトコルを同様に構成できる．具体的には，測定結果が特定の y であるという条件のもとで，条件つき確率分布に対して 2.5 節の意味で熱力学的に可逆なプロトコル（図 2.5）を構成すれば，式 (4.11) の等号を達成できる．このようなフィードバックのある場合の可逆性については，4.3 節でも議論する．

なお，以上の例においては，フィードバック後の相互情報量はゼロになっている，すなわち $I(X':Y)=0$．これは，測定で得た情報（相関）をフィードバックですべて「使い切った」ことに相当している [8]．一方で，測定で得た情

[8] ただし一般には，使われなかった相関が単に散逸しても，フィードバック後の相互情報量はゼロになりうる．たとえば極端な場合として，まず測定を行い（たとえば $I(X:Y)=\ln 2$ とする），その後フィードバックなどの操作を何もせずシステムを放置しておくと，熱ゆらぎによってシステムの状態がランダムに遷移し，やがて最初の測定結果との相関はゼロになるはずである ($I(X':Y)=0$)．しかし何の操作もしていないので，システムの分布は変化していないし，仕事も取り出されていない．このような場合は，減少した相関 $\ln 2$ はただ熱浴に散逸したのみであり，式 (4.9) の等号が達成されることもない．

報をすべては使わない場合を考えることもできる．以下の例を通して，「使われなかった」情報量の意味を見てみよう．

図 4.1 のプロトコルで $\varepsilon = 0$ の場合を考えよう（相互情報量は $I(X:Y) = \ln 2$ である）．測定結果が $y = 0$ の場合，(iii) で $x = 1$ の準位を $\Delta E \to \infty$ とする必要がある．この準位を (iv) で準静的に戻していくわけだが，$x = 1$ の準位の確率が ε' となったところでいったん止める（このときの準位 $\Delta E'$ は $e^{-\beta\Delta E'}/(1+e^{-\beta\Delta E'}) = \varepsilon'$ を満たす）．次に，この準位を最初の縮退した状態まで瞬間的に戻す（クエンチ）．このクエンチの直後，y で条件づけられたシステムの状態 x' の分布 $P(x'|y)$ は，$P(0|0) = 1-\varepsilon'$, $P(1|0) = \varepsilon'$ のままである．このシステムの終状態 x' と最初の測定結果 y の間の相互情報量は，$I(X':Y) = \ln 2 - H(\varepsilon')$ となる．これがフィードバックの後に残った「使われなかった」情報量である．なお，y について平均した x' の分布は，$P(0) = P(1) = 1/2$ であり，最初の x の分布と同じである．

以上の等温準静過程とクエンチで取り出せる仕事は，$-W = \beta^{-1}H(\varepsilon')$ であることが直接計算でわかる．これはまさに相互情報量の差に他ならない：

$$W = -\beta^{-1}(I(X:Y) - I(X':Y)). \tag{4.18}$$

また，最初と最後のエネルギー準位と（y について平均した）分布が同じであることから，$F(X) = F(X')$ である．以上より，式 (4.18) は式 (4.9) の等号を達成していることがわかる．

4.2 測定に要する仕事

次に，マクスウェルのデーモン自身を熱力学系と考え，デーモンに必要なエネルギーコスト（仕事）について考えよう [50–52]．図 1.4 にも示したように，デーモンとシステムの間に直接のエネルギーのやり取りがない（したがって測定過程でシステムには仕事がなされない）場合でも，デーモン自身に何らかの仕事が必要になる．ここでは特に，測定に要する仕事について考える．

前節から引き続き，測定やフィードバックをされるシステムを X，それらを

行うデーモンを Y とする．デーモンの役割は測定結果を蓄えておくことなので，Y のことをしばしば「メモリ」と呼ぶ．メモリは，システムと同じ温度 T の熱浴に接しているとする．測定前のメモリの状態はシステムと相関していないが，測定後は相関するようになる．この相関を表す相互情報量 $I(X:Y)$ が測定でデーモンが得た情報量である [9]．

4.2.1 測定過程の第二法則

測定前のメモリの初期状態を y_*，その確率分布を $P(y_*)$ として，対応するシャノン・エントロピーを $S(Y_*)$ とする．測定されるシステムの状態をこれまでどおり x，その確率分布を $P(x)$ として，対応するシャノン・エントロピーを $S(X)$ とする．また，測定前の初期状態においてはシステムとメモリの間に相関はないので，$P(x,y_*)=P(x)P(y_*)$ であり，したがって相互情報量はゼロである：$I(X:Y_*)=0$.

測定とは，システムの情報をメモリに反映することである．したがって，システムの状態 x に応じて，メモリが異なる時間発展をすると考える．測定後のメモリの終状態を y とすると，これは 4.1 節で測定結果と呼んでいたものに他ならない．システムの状態が x であるという条件のもとで，メモリの終状態が y になる確率を $P(y|x)$ として，対応する条件つきシャノン・エントロピーを $S(Y|x)$ とする．

特定の x が与えられたときのメモリの条件つき確率分布に，第 2 章と同じ議論が適用できるとしよう．このとき個々の x ごとにメモリの第二法則が成り立つ（この議論の妥当性については 4.3 節でより詳しく述べる）．したがって，システムが x のときのメモリの吸熱を $Q(x)$ とすると

$$S(Y|x)-S(Y_*)\geq \beta Q(x). \tag{4.19}$$

これを x について平均すると，$Q:=\sum_x P(x)Q(x)$ として

$$S(Y|X)-S(Y_*)\geq \beta Q. \tag{4.20}$$

[9] 本節では，メモリの内部構造の詳細（論理状態と物理状態の区別など）には立ち入らず，一般論を述べる．内部構造については 4.4 節を参照．

測定で得られた相互情報量は $I(X:Y) = S(Y) - S(Y|X)$ なので，これを用いて書き直すと

$$\sigma(Y) := S(Y) - S(Y_*) - \beta Q \geq I(X:Y) \tag{4.21}$$

を得る．フィードバックの場合の式 (4.5) あるいは式 (4.6) とは対照的に，右辺には測定で得た相互情報量がプラス符号で入っている．したがって，$I(X:Y) \neq 0$ であれば，$\sigma(Y) > 0$ である．これに対して測定のない場合には，エントロピー生成をゼロにするプロトコル（図 2.5）が必ず存在した．測定によって情報を取得すると，メモリのエントロピー生成 $\sigma(Y)$ に（相互情報量の分だけ）余分なコストが発生するのだ [10)]．

これを仕事の観点から見てみよう．メモリの初期状態，終状態の平均エネルギーを $E(Y_*)$，$E(Y)$ として，それぞれの非平衡自由エネルギーを $F(Y_*) := E(Y_*) - \beta^{-1}S(Y_*)$，$F(Y) := E(Y) - \beta^{-1}S(Y)$ とする．メモリに要する仕事を W とすると，熱力学第一法則は

$$E(Y) - E(Y_*) = Q + W \tag{4.22}$$

である．ここで，測定過程においてメモリとシステムの間に直接のエネルギーのやり取りはないか，あったとしたらそれは仕事とカウントできると仮定されている．そこで式 (4.21) を書き直すと，

$$W \geq F(Y) - F(Y_*) + \beta^{-1} I(X:Y) \tag{4.23}$$

が得られる．測定で情報を得ていなければ，式 (4.23) の右辺は単に自由エネルギー変化 $F(Y) - F(Y_*)$ だけで与えられることに注意しよう．測定に要する仕事は，メモリの非平衡自由エネルギーの変化よりも，相互情報量の分だけ大きくなければならないことがわかる．この意味で，情報の取得には「余分なエネルギーコスト（仕事）」が必要である．とはいっても，$F(Y) - F(Y_*) + \beta^{-1} I(X:Y) = 0$ となるような状況では，仕事の下限は単に $W \geq 0$ で与えられる．この意味で測

[10)] 測定誤差のない場合については，シラードの原論文 [47] の式 (1) から，上記の式 (4.21) と本質的に同じ不等式が得られる．シラードはそれをもとにデーモンと第二法則の整合性を議論している．さらに文献 [47] の式 (1) は，測定過程のゆらぎの定理 [51] から直接導ける [17]．この意味でも，シラードの議論は現代的であったと言えるだろう．

定にいつでも正の仕事が必要だというわけではない[11]．なお，自由エネルギー変化 $F(Y) - F(Y_*)$ は，メモリの具体的な構造に依存する項である．詳細は 4.4 節を参照．

4.2.2 測定と消去のトレードオフ

さて，このメモリを使いまわして再び測定を行うことを考えてみよう．そのためにはメモリを初期分布に戻す必要があるが，そのような初期化に必要な仕事について考えてみよう．初期化の過程ではメモリは熱浴とだけ相互作用し，システムとは相互作用しないとする（図 4.2）．初期化に要する仕事を W^{erase} とすると，非平衡自由エネルギーの変化が（測定のときとは逆符号の）$F(Y_*) - F(Y)$ であることに注意して，

$$W^{\mathrm{erase}} \geq F(Y_*) - F(Y) \tag{4.24}$$

が成り立つ．これはランダウア原理と呼ばれるものの一般化であり（詳細は 4.4 節を参照），初期化のプロセスはしばしば「情報の消去」と呼ばれる[12]．

消去の際の自由エネルギー変化（式 (4.24) の右辺）は，測定の際の自由エネル

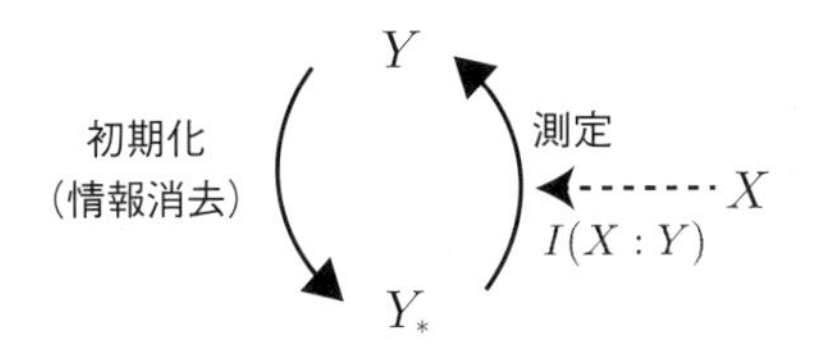

図 4.2 測定と初期化の模式図．メモリは測定過程ではシステムと相互作用しているが，初期化の過程ではしていない．測定過程でメモリが得る互情報量 $I(X:Y)$ が，式 (4.23) あるいは式 (4.25) に現れる余分な仕事 $k_{\mathrm{B}}TI(X:Y)$ の起源である．

---

[11] これは歴史的には，ブリルアンの議論に対してベネットが指摘した点である．

[12] こう呼ばれるのは，メモリに蓄えられた「情報」が消去され，初期化されるからである．しかしここで消去されている「情報」は，（4.4 節で詳しく議論するように）メモリのシャノン・エントロピーであり，相互情報量ではないことに注意しよう．実際，4.1 節や本節の議論のように，測定で得た情報をフィードバックに使えば，相互情報量は（メモリの状態は変わらなくても）減少する．特に完全なフィードバックだとゼロになる．そのような場合でも，メモリにはシャノン・エントロピーが残されている．したがって，フィードバック後に相互情報量が残されていなくても，メモリを初期化するためにはシャノン・エントロピーの消去が必要になる．

ギー変化（式 (4.23) の右辺の第1項と第2項）のちょうど逆符号なので，両者を足すと打ち消し合う．測定に要する仕事（式 (4.23) の左辺）を改めて W^{meas} と書くと，式 (4.23) と式 (4.24) の合計は

$$W^{\mathrm{meas}} + W^{\mathrm{erase}} \geq k_{\mathrm{B}} T I(X:Y) \tag{4.25}$$

となり，右辺は相互情報量だけで与えられる．メモリの構造に依存する項である自由エネルギー変化が打ち消し合ったことに注意しよう．この意味で式 (4.25) は，測定と消去に要する仕事の普遍的なトレードオフ関係を表している．式 (4.23) の下で述べたように，測定に要する仕事の下限は（自由エネルギー変化，すなわちメモリの構造をうまく調整することで）ゼロにもできる．しかし測定と消去を合計したらそのようなことはなく，常に相互情報量が下限となる．測定と消去の間の区分はそもそも明確ではなく，式 (4.25) こそが意味のある不等式だとも言えるだろう．

式 (4.25) は（4.4 節で述べる）ランダウア原理とはまったく異なるものであることに注意しよう．第一に，右辺はシャノン・エントロピーではなく相互情報量である．すなわち，情報の消去は関係なく，測定の過程に由来する量である．消去の過程に必要な仕事（式 (4.24) の右辺）は，測定の過程に必要な仕事と合計したときに打ち消されている．第二に，「相互情報量が消去された」という解釈も成り立たない．本節の脚注 12) の議論のように，測定で得た相互情報量は初期化の前にすでにフィードバックで使われているかもしれないからである．いずれにせよ，式 (4.25) の右辺は測定由来の項であり，メモリが1周してもとに戻る過程で外部から取得した情報量の分だけ仕事が必要，ということが重要である．

さて，システムからフィードバックで取り出せる仕事 (4.9) に注目しよう．これを改めて $W_{\mathrm{ext}}^{\mathrm{fb}}$ と書く．特にサイクルの場合（初期状態と終状態で，分布とエネルギー準位の両方が等しい場合）に注目して $F(X) = F(X')$ とし，さらに終相関 $I(X':Y)$ の項を落とすと，$W_{\mathrm{ext}}^{\mathrm{fb}} \leq k_{\mathrm{B}} T I(X:Y)$ となる．これとメモリに要する仕事 (4.25) を合わせると，相互情報量の項がちょうど打ち消し合うため，システムとメモリの全系から取り出せる仕事 $W_{\mathrm{ext}}^{\mathrm{tot}}$ は

$$W_{\mathrm{ext}}^{\mathrm{tot}} := W_{\mathrm{ext}}^{\mathrm{fb}} - W^{\mathrm{meas}} - W^{\mathrm{erase}} \leq 0 \tag{4.26}$$

となる．すなわち，システムとメモリの全系のサイクルから正の仕事は取り出せず，ケルビンの原理が回復される．これがデーモンによるフィードバックと第二法則の整合性の 1 つの理解の仕方である．測定で得た情報由来の仕事が本質であり，消去は重要ではないことに注意しよう．これはマクスウェルのデーモンのパラドックスの一般的かつ現代的な解決を与える．

最後に補足として，システムとメモリが接している熱浴の温度（それぞれ T_X，T_Y）が異なる場合について考えておく．$T_X > T_Y$ とすると，システムから取り出せる仕事 $W_{\rm ext}^{\rm fb} \leq k_{\rm B}T_X I(X:Y)$ の方がメモリに要する仕事 $W^{\rm meas} + W^{\rm erase} \geq k_{\rm B}T_Y I(X:Y)$ より大きくなりうる．この場合は，高温側であるシステムの吸熱が $Q_X = W_{\rm ext}^{\rm fb}$ であることに注意すると，熱効率が

$$\eta := \frac{W_{\rm ext}^{\rm fb} - W^{\rm meas} - W^{\rm erase}}{Q_X} \leq 1 - \frac{k_{\rm B}T_Y I(X:Y)}{k_{\rm B}T_X I(X:Y)} = 1 - \frac{T_Y}{T_X} \qquad (4.27)$$

となる．全体のカルノー効率でバウンドされ，やはり第二法則と整合している．

4.2.3 具体例：2 準位系

測定の具体例として，メモリが 2 準位系である場合を考えよう（2 つの状態を $y = 0, 1$ とする）．このメモリがシステムの状態 x を測定する．簡単のため，$x = 0, 1$ が 1/2 ずつの確率であるとしよう．図 4.3 に，$x = 0$ である場合のメモリの測定過程を示す．$x = 1$ の場合は左右を逆転させることになる．メモリは常に温度 T の熱浴と接触している．

(i) 初期状態においては，2 つの準位は縮退しており，y_* の分布は $P(0) = P(1) = 1/2$ とする．

(ii) システムの状態が $x = 0$ のときは，メモリの $y = 1$ のエネルギー準位を準静的に ΔE だけ変化させる．これによって，y の分布が $P(0) = 1 - \varepsilon$，$P(1) = \varepsilon$ となるとする（すなわち，$e^{-\beta\Delta E}/(1 + e^{-\beta\Delta E}) = \varepsilon$ とする）．もしシステムの状態が $x = 1$ であれば，メモリの $y = 0$ のエネルギー準位を ΔE だけ変化させる．

(iii) (ii) で変化させた方のエネルギー準位を，瞬間的に元に戻す（クエンチ）．これによってエネルギー準位は初期状態に戻るが，x に条件づけられた確

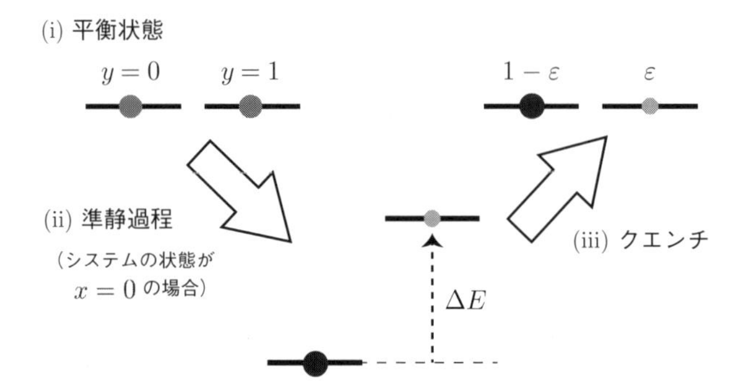

図 4.3 2準位系のメモリの測定過程の模式図．システムの状態が $x=0$，誤り確率が ε の場合を示している．

率は $1-\varepsilon$ と ε であり，(ii) から変化しない．なお，この分布を $x=0,1$ について平均すると，$y=0,1$ ともに $\varepsilon/2+(1-\varepsilon)/2=1/2$ となり，初期分布に戻っていることに注意しよう．

まず以上のプロセスで，ε が測定の誤り確率であることに注意しよう．すなわち，$P(y|x)$ が $P(1|0)=P(0|1)=\varepsilon$，$P(0|0)=P(1|1)=1-\varepsilon$ を満たす（付録 A.2 の二値対称通信路も参照）．このときの相互情報量は $I(X:Y)=\ln 2-H(\varepsilon)$ で与えられる．一方，この測定プロセスでメモリに要する仕事量は，4.1 節の具体例と同様の計算により

$$W=\beta^{-1}I(X:Y) \tag{4.28}$$

を満たすことがわかる．

このプロトコルにおいて，メモリのエネルギー準位は初期状態と終状態で同じであり，x について平均した分布も同じであるため，$F(Y_*)=F(Y)$ である．したがって，この測定でメモリに要する仕事 (4.28) は，一般の測定に要する仕事 (4.23) の等号を達成している．また，いまはメモリの初期分布と終分布が（x について平均すると）同じなので，このプロセスには測定だけでなく消去も含まれていると考えることもできる [13]．この意味で，式 (4.28) は式 (4.25) の等

[13] ただし，メモリを完全に初期化するには，$x=0,1$ ごとの（平均しない）条件つき分布のそれぞれを，2つの準位の間の等確率の分布に緩和させるべきであろう．この緩和過程で仕事は必要ないので，緩和過程を含めても式 (4.28) は変わらない．もし（フィード

号を達成する場合であるとみなすこともできる．

ところで，図 4.3 において x が与えられたときのメモリのダイナミクスと，図 4.1 において y が与えられたときのシステムのダイナミクス（(ii) から (iii)(iv) を経て (i) に戻るプロセス）の等号条件 (4.16) が満たされている場合を見比べると，両者は時間反転の関係にあることがわかる．これらはいずれも第二法則の等号を達成する熱力学的に可逆なプロセスだったから時間反転が存在するわけだが，ここで着目すべきは，測定の時間反転がフィードバックになっている（ただしシステムとメモリの立場を入れ替える必要がある）ことである．ここからも，フィードバックの場合の式 (4.5) あるいは式 (4.6) と，測定の場合の式 (4.21) を比べたとき，右辺に現れる相互情報量の項が逆符号であることが理解できよう．

4.3 情報交換における第二法則

次に，測定やフィードバックとは限らない，より一般の情報交換のプロセスを考えよう [51,52]．本節の定式化の特別な場合として測定やフィードバックが含まれている．そのため，以下の議論では，4.1 節と 4.2 節で得られた結果の統一的な理解が得られる [14)]．

2 つの系 X，Y の情報交換を考える．本節の一般論に限り，X がシステムで Y がメモリといったことは必ずしも仮定しない．これらはいずれも逆温度 β の熱浴に接触しているとする．

X の初期状態を x，Y の初期状態を y とする．両者は一般には相関しており，相互情報量を $I(X:Y)$ とする．その後これらの系が時間発展し，X の状態は x' になる（時間発展した後の X を X' と書く）が，y は変化しないとする．た

バックなどをせずに）システムとの相互情報量を保っている状態でこの緩和をさせると，相互情報量が散逸して消えてしまう．もしこのような緩和を防ぎたければ，2 つの準位間の遷移を禁止する「壁」が必要になる．また，「標準状態」についての考察も必要．そのようなメモリの構造の詳細については 4.4 節を参照．

14) なお，以下では平均エントロピー生成 σ について議論するが，同様の議論が確率的なエントロピー生成 $\hat{\sigma}$ についても可能である．すなわち，第二法則だけでなくゆらぎの定理のレベルで以下の議論が成り立つ [51,52]．

だし X が Y とは無関係に時間発展するのではなく，X は Y の影響を受けながら（つまり Y の状態 y に依存した）時間発展をする．つまり，x が x' に時間発展する遷移確率が y にも依存し，$P(x'|x,y)$ と書けるとする．この過程で相互情報量も変化する．終状態における相互情報量を $I(X':Y)$ とする．以上を図 4.4 にまとめた．

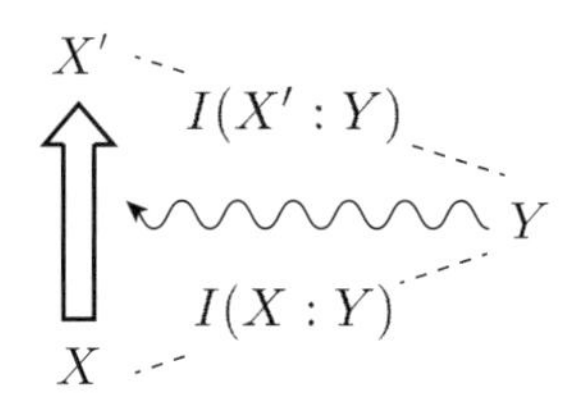

図 4.4　情報交換過程の模式図．一方のシステムは X から X' に時間発展し，その過程でもう一方のシステム Y の影響を受け，両者の間の相互情報量が変化する．この間に Y の状態は変化しないとする．なお，この図式 1 つで測定とフィードバックを統一的に扱うことができる．測定の場合は X をメモリで Y をシステムとみなす必要があるが，フィードバックの場合は X がシステムで Y はメモリである．

測定とフィードバックは，この一般的な定式化の特別な場合であることに注意しよう（図 4.5 も参照）．フィードバックについては，4.1 節や 4.2 節の記法どおり，X がシステムであり，Y がメモリの状態（測定結果）である．このとき，図 4.4 の初期状態は測定後に X と Y が相関している状態であり，$I(X:Y)$ は測定で得た情報量である．Y から X への影響はフィードバックを表し，$I(X':Y)$ はフィードバック後に残った相関を表す．

一方で測定の場合は，4.1 節や 4.2 節の記法に合わせるなら X と Y の記号を入れ替える必要があるが，いまの記法のままいくと，X がメモリの初期状態であり，これがシステム Y の情報を読み取り，X' が測定結果を表していると解釈できる．最初の相関は（測定前なので）ゼロ，すなわち $I(X:Y)=0$ であり，最後の相関 $I(X':Y)$ は測定で得た情報量を表す．

さて，図 4.4 の一般の場合について，この過程の全系のエントロピー生成を考える：

$$\sigma(X,Y) := S(X',Y) - S(X,Y) - \beta Q. \tag{4.29}$$

これは第二法則を満たす：

$$\sigma(X,Y) \geq 0. \tag{4.30}$$

ここで Q は本来は XY が熱浴から吸収した熱量であるが，いまは Y が時間発展していないので，X が吸収した熱量と一致する[15)]．そこで，X だけについての「エントロピー生成」を

$$\sigma(X) := S(X') - S(X) - \beta Q \tag{4.31}$$

とする[16)]．フィードバックの場合の式 (4.5) および測定の場合の式 (4.21) は，この定義 (4.31) の特別な場合であることに注意しよう[17)]．ここで

$$S(X',Y) - S(X,Y) = S(X') - I(X':Y) - S(X) + I(X:Y) \tag{4.32}$$

に注意すると，式 (4.29) は

$$\sigma(X,Y) = \sigma(X) - (I(X':Y) - I(X:Y)) \tag{4.33}$$

となる．したがって式 (4.30) は

$$\sigma(X) \geq I(X':Y) - I(X:Y) \tag{4.34}$$

と等価である．X の「エントロピー生成」$\sigma(X)$ が，相互情報量の変化（いわば情報交換）によってバウンドされたことになる．特に，式 (4.34) の右辺が負であれば（すなわち，情報交換で相関が減っていれば），$\sigma(X)$ が負になることがわかる．これはまさにフィードバックの場合に対応する．

実際，フィードバックの第二法則 (4.5) および測定の第二法則 (4.21) は，式 (4.34) の特別な場合である．すなわち，4.1 節と 4.2 節でそれぞれ（条件つきエントロピーに基づいて）導いたフィードバックと測定についての第二法則が，図

15) 厳密に言うと，2 つの系の間の相互作用エネルギー（の変化）を無視できると仮定した．

16) 「エントロピー生成」と鍵括弧をつけたのは，本来はエントロピー生成は関連する全系のもの（ここでは $\sigma(X,Y)$）を意味するべきだからである．

17) 測定の場合は，X を Y_*，X' を Y，Y を X とそれぞれ置き換える必要がある．

4.4 の全系の第二法則 (4.30) から再導出できたことになる．言い換えれば，システムとメモリの両方を含む全系のエントロピー生成と第二法則を考え，そこから相互情報量の寄与を分離してやれば，フィードバックや測定の第二法則そのものになっていたわけである．

熱力学的可逆性は $\sigma(X,Y)=0$ によって特徴づけられることに注意しよう．たとえばフィードバックの場合は，$\sigma(X)$ が 0 になるかどうかではなく，それが式 (4.34) の等号を達成するかどうか（すなわち，4.2 節の式 (4.9) の等号を達成するかどうか）で熱力学的可逆性が決まる．シラード・エンジンはこの等号を達成しており，熱力学的に可逆であることが再度確かめられる [18]．

測定とフィードバックのプロセスを組み合わせた図式を，記号を 4.1 節と 4.2 節に合わせたうえで，図 4.5 に示しておく．測定の過程での Y の吸熱を $Q(Y)$，フィードバックの過程での X の吸熱を $Q(X)$ とすると，プロセス全体のエントロピー生成は

$$\begin{aligned}\sigma^{\mathrm{tot}}(X,Y) &:= S(X',Y)-S(X,Y_*)-\beta(Q(X)+Q(Y))\\ &= [S(X',Y)-S(X,Y)-\beta Q(X)]+[S(X,Y)-S(X,Y_*)-\beta Q(Y)]\\ &=: \sigma^{\mathrm{meas}}(X,Y)+\sigma^{\mathrm{fb}}(X,Y)\end{aligned} \tag{4.35}$$

のようになる [19]．

測定とフィードバックはそれぞれ相関が増えるプロセスと減るプロセスであり，（X と Y の役割を入れ替えたうえで）お互いに時間反転の関係になっていることに注意しよう．これは 4.1 節と 4.2 節の具体例（図 4.1 と図 4.3）で示唆されていたことの一般化である．フィードバックで取り出せる仕事 $k_{\mathrm{B}}TI(X:Y)$ とメモリに要する測定由来の仕事 $k_{\mathrm{B}}TI(X:Y)$ が，式 (4.26) のようにちょうど打ち消し合うのは，偶然ではなかったわけである．

また，もう 1 つ重要な点は，測定とフィードバックのプロセスのそれぞれにおいて，デーモンの役割は全系の第二法則とコンシステントになっているとい

[18] ただしこれはフィードバックの過程のみの可逆性であり，測定の過程でメモリに散逸が生じているかどうかとは無関係である．

[19] このような情報交換のプロセスを量子ドットで実現する方法は，文献 [110] で提案されている．

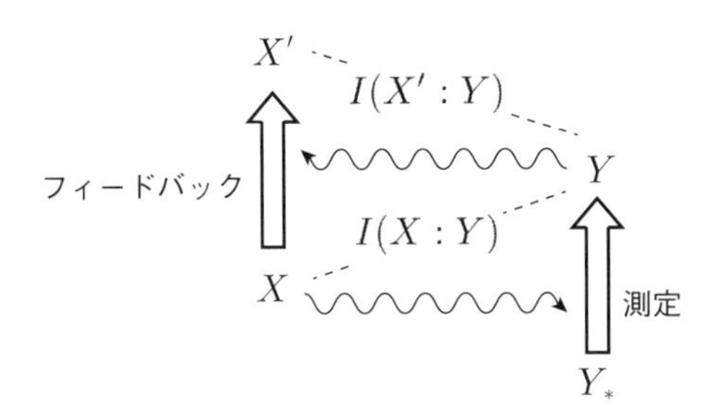

図 4.5 測定とフィードバックの模式図．図 4.4 を 2 つ組み合わせたものに相当する．X が測定やフィードバックをされるシステムで，Y が測定結果を蓄えるメモリ．

う点である．これは，本節では最初から全系のエントロピー生成の分解から出発したので当然である．フィードバックの過程でエントロピーが減るように見えたのは，$\sigma(X)$ を考えていたからである．しかしそこに，式 (4.33) によって相互情報量の寄与を加えて $\sigma(X,Y)$ にしてやると，常に非負になるわけである．言い換えると，マクスウェルのデーモンによるフィードバックが一見すると第二法則に反している（エントロピー生成が負になってしまう）ように見えたのは，相互情報量の寄与を見落としていたからに他ならない．4.2 節では，測定と消去の仕事がフィードバックの仕事を打ち消す，という形で「マクスウェルのデーモンのパラドックスの解決」を考えたが，実は仕事を考えるまでもなく，フィードバックのプロセス単独で，すでにデーモンと第二法則はコンシステントだったわけである．これによって，デーモンと第二法則の整合性は完全に理解されたと言ってよいだろう（4.4 節の末尾の囲み記事も参照）．

4.4 メモリの構造

次に，マクスウェルのデーモンの測定結果を蓄えるメモリについて，その詳細な内部構造を考えよう [22]．特に，情報消去（メモリの初期化）についてのランダウア原理に着目し，その一般化についても述べる．本節の焦点は，メモリの物理的自由度を，論理自由度（測定結果を直接書き込む自由度）と，それ以外の内部自由度に分けるという考え方である．この観点から，熱力学的可逆性と論理的可逆性の関連にも触れる．なお，以下ではメモリは温度 $T(=(k_{\mathrm{B}}\beta)^{-1})$ の熱浴に接しているとする．

4.4.1　ランダウア原理

メモリに蓄えられた情報を「消去」することを考えよう．これは，メモリに書き込まれている測定結果などを初期化し，標準状態と呼ばれる決まった状態に戻すことを意味する．この初期化によって，メモリに蓄えられていたシャノン・エントロピー（シャノン情報量）が捨てられることになる[20]．

従来型のランダウア原理について考える．これは通常以下のように定式化される．メモリが1ビットの情報，“0” か “1” を蓄えているとしよう．“0” の確率を p とすれば，蓄えられているシャノン情報量は $H(p)$ である．これを確率1で “0” にするのが情報消去である．この場合の “0” は「標準状態」と呼ばれる．消去後のシャノン情報量は0になるので，第二法則 (2.25) により，消去の過程で放出される熱量 $-Q$ は

$$-Q \geq k_{\mathrm{B}} T H(p) \tag{4.36}$$

を満たす．もし消去の前後でメモリのエネルギーが変化しなければ，消去に要する（メモリに対してなされる）仕事 W は

$$W \geq k_{\mathrm{B}} T H(p) \tag{4.37}$$

を満たす．すなわち，情報を消去すると熱が発生し，それに対応した仕事が必要になる．これが伝統的なランダウア原理である．2準位系で，式 (4.36) あるいは式 (4.37) の等号を達成するプロトコルは，図2.5の特別な場合として構成できる．

さて，メモリが安定的に情報を蓄えておくためには，普段は（消去や測定の過程以外では）“0” と “1” の間の遷移を禁止しておく必要がある．そうでなければ，たとえば “0” へと情報を消去したとしても，すぐに緩和して “0” と “1”

[20] すなわち，ここで消去される情報とは（相互情報量ではなく）シャノン・エントロピー（シャノン情報量）である．

に広がってしまうだろう．このことを念頭に置き，メモリの構造について詳しく考察しよう．

図 4.6(a) に典型的なメモリのポテンシャルの形状を示す．ここでメモリは連続自由度であると考え，位置座標が y で表されている．この y をメモリの「物理状態」と呼ぶことにしよう．このメモリは温度 T の熱浴に接触している．ポテンシャル $V(y)$ は二重井戸の形状をしており，左の井戸に粒子が入っていたら情報 “0” を，右の井戸に入っていたら “1” を蓄えているとする．これを「論理状態」と呼ぶことにして，m で表す ($m = 0, 1$)．2 つの論理状態を隔てるポテンシャル障壁の高さが $k_{\mathrm{B}}T$ よりも十分に大きければ，論理状態が熱ゆらぎで変化することなく，メモリは情報を安定して蓄えられる[21]．前節まではメモリの状態 y はすべて測定結果に対応していると考えていたが，ここではより現実のデバイスに近い設定として，m だけが測定結果に対応すると考えることになる．

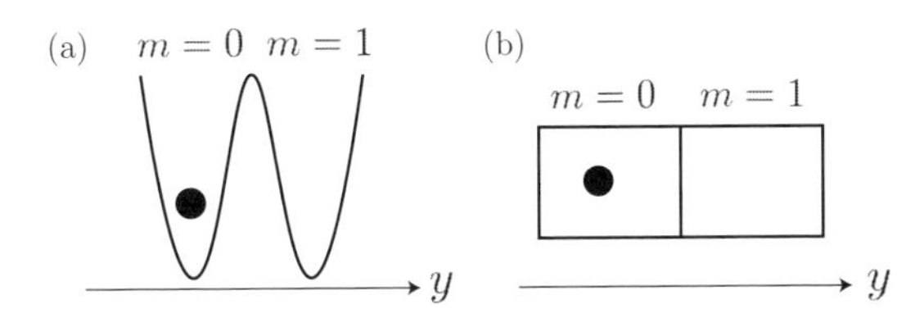

図 4.6 対称メモリの模式図．(a) 二重井戸モデル．(b) 箱のモデル．

なお簡単のため，この二重井戸ポテンシャルを図 4.6(b) の箱でしばしば置き換えて考察する．シラード・エンジンの場合はシステムが箱で表されていたが，ここではメモリが箱で表されていると考えることに注意．

このメモリにおける情報の消去を考えよう．二重井戸モデルの場合は，左側の井戸を「標準状態」として、そこへ情報を消去することを考える．4.2 節ではメモリを測定前の状態 (Y_*) に戻すことを消去（初期化）と呼んでおり，それ以上の仮定はしていなかった．しかしここでは，メモリの構造についてより詳しく考え，消去後の状態が論理状態 “0” という「標準状態」であると考えるわけである．図 4.7(a) に，以下の典型的な情報消去のプロトコルを示す．

21) たとえば磁性体をメモリとして用いる場合，y は磁化を表し，強磁性相においてこのような二重井戸ポテンシャルが現れる．

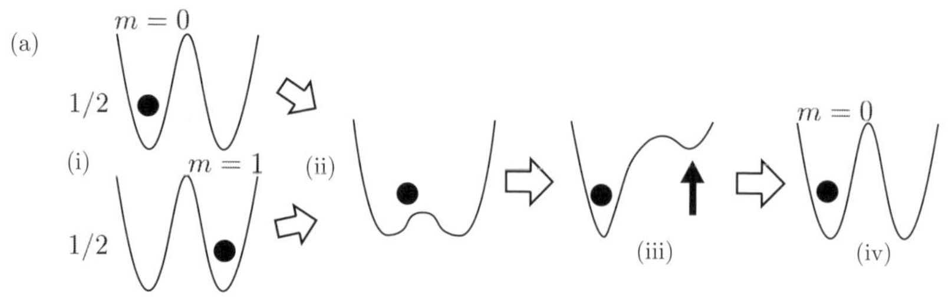

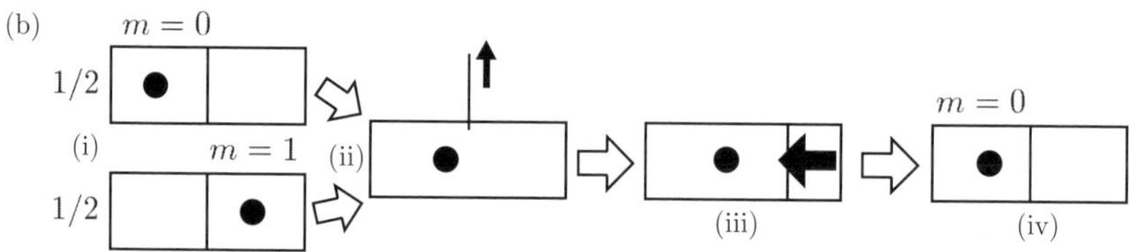

図 4.7　対称メモリによる情報消去の模式図．初期分布は等確率 $(1/2, 1/2)$ としている．(a) 二重井戸モデル．(b) 箱のモデル．

(i) 初期状態で，粒子は左右のどちらかの井戸（論理状態 $m=0$ または $m=1$）に，確率 1/2 ずつで入っているとする．それぞれの井戸の中では，粒子は（局所的な）熱平衡状態になっている．

(ii) 中央の障壁を準静的に下げる．

(iii) ポテンシャルの右側を準静的に持ち上げ，粒子を左の井戸に押し込む．

(iv) 粒子が左の井戸に入ったら，右側のポテンシャルも下げ，ポテンシャルを元の形状に戻す．粒子は左側の井戸（論理状態 $m=0$）に確率 1 で入っている．左の井戸の中では（局所的な）熱平衡状態にある．

これを箱型モデルで置き換えると，図 4.7(b) のようになる．

(i) 初期状態で，粒子は左右のどちらかの箱（論理状態 $m=0$ または $m=1$）に，確率 1/2 ずつで入っている．それぞれの箱の中では，粒子は（局所的な）熱平衡状態になっている．

(ii) 中央の仕切りを取り除く．この操作に仕事は必要ない．

(iii) 箱の壁を右側から準静的に押し込み，体積を半分にする．

(iv) 粒子は左側の箱（論理状態 $m=0$）に確率 1 で入っている．左の箱の中では（局所的な）熱平衡状態にある．

いずれのモデルにおいても，消去の前後でのメモリ全体のシャノン・エントロピーの変化は $-\ln 2$ である．また準静的なプロセスであるため，消去の過程で熱浴に放出される熱量は $k_{\mathrm{B}}T\ln 2$ であり，要する仕事量も $k_{\mathrm{B}}T\ln 2$ である．箱型モデルの場合は，シラード・エンジンの場合と同様に理想気体の状態方程式を用いても，同じ仕事量を計算することができる．以上により，これらのモデルでランダウア原理 (4.36) および (4.37) の等号が達成されることがわかる．このような情報消去はコロイド粒子を用いた実験で実現され [111]，ランダウア原理が検証されている．

さて，このメモリには，論理状態の任意の分布の情報を蓄えることができる[22]．$m=0$ の確率を p，$m=1$ の確率を $1-p$ としよう ($0<p<1$)．このとき，ランダウア原理の等号を達成する消去のプロトコルは，図 4.8(a) のようになる．

(i) 初期状態で，左 ($m=0$) の箱に確率 p で，右 ($m=1$) の箱に確率 $1-p$ で入っているとする．それぞれの箱の中では，粒子は（局所的な）熱平衡状態になっている．

(ii) 中央の仕切りを準静的に移動させ，左右の箱の体積比を $p:1-p$ にする．

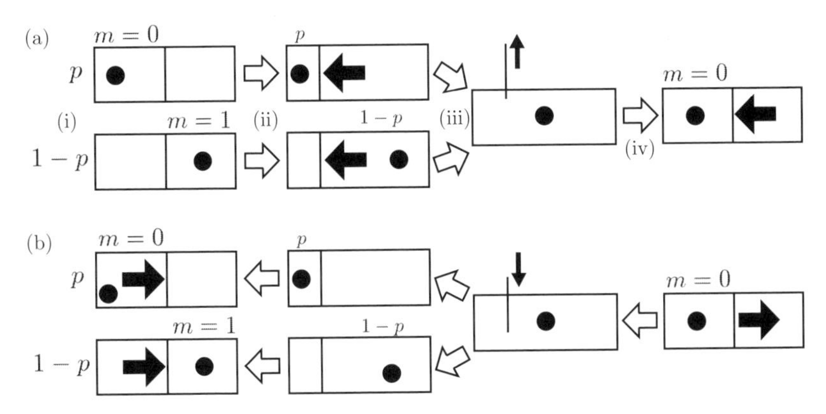

図 4.8 (a) 対称メモリによる情報消去の模式図．初期分布が $(p, 1-p)$ であり，熱力学的に可逆なプロセスである．(b) (a) のプロセスの逆過程．

[22] 図 4.7(b) の左右の箱の体積が同じであっても，蓄えられる論理状態の分布は任意でよい．測定後の状態においては，これは測定される側のシステムの分布を反映している．

(iii) 中央の仕切りを取り除く．この操作に仕事は必要ない[23]．

(iv) 箱の壁を右側から準静的に押し込み，体積を半分にする．粒子は左側の箱（論理状態 $m = 0$）に確率 1 で入っている．左の箱の中では（局所的な）熱平衡状態にある．

以上の過程に必要な仕事を理想気体の状態方程式を用いて計算すると，$k_{\mathrm{B}}TH(p)$ になっていることが確かめられる．すなわちランダウア原理 (4.36) および (4.37) の等号が成立している．

4.4.2　論理的可逆性と熱力学的可逆性

さて，情報消去のプロセスは「論理的に不可逆」と呼ばれる．これは，初期状態において $m = 0, 1$ の 2 つの論理状態をとりえたのが，終状態においては $m = 0$ の 1 つの論理状態のみになるからである．すなわち，始状態を終状態に対応させる写像が単射ではなく，逆写像が存在しないということである．一般に，逆写像が存在しないような論理状態間の遷移は，論理的に不可逆と呼ばれる[24]．

論理的不可逆性と熱力学的不可逆性は，まったく異なる概念であることに注意しておこう[25]．2.5 節で議論したように，熱力学的可逆性とは，確率分布のレベルで系を戻せることであり，第二法則の等号達成（熱浴も含めたエントロピー生成がゼロであること）によって特徴づけられる．一方で，論理的可逆性は，個々の論理状態を戻せるかということであり，論理状態だけのエントロピーと関係している（式 (4.50) を参照）．言い換えると，論理的に不可逆ならば，たとえ熱力学的に可逆であっても，個々の論理状態を戻せるわけではない．

情報の消去は論理的に不可逆であるが，ランダウア原理 (4.36) の等号を達成する場合はエントロピー生成がゼロであり，熱力学的に可逆である．それが実際に可逆であることを明確にするため，図 4.8(b) に，図 4.8(a) のプロトコルの

---

[23] 箱の体積比を $p : 1 - p$ にしておいたおかげで，粒子の位置の確率分布はこの操作で変化せず（拡散が起きず），熱力学的に可逆なプロセスになっている．

[24] 測定は論理的に可逆である．たとえば，システムとメモリの状態が $(0, 0)$ または $(1, 0)$ から，$(0, 0)$ または $(1, 1)$ に変化するわけであるが，これは逆写像が存在する．

[25] 歴史的には，両者を混同した議論がなされることがしばしばあった．より詳細な議論は文献 [22, 112] を参照．

時間反転を示す．消去の過程の (ii) で仕切りの位置を $p:1-p$ に移動させておいたからこそ，(iii) の仕切りを外す操作の逆過程が単に仕切りを挿入する操作になっていることに注意しよう．

一方で，図 4.7 や図 4.8(a) と同様の消去のプロトコルであっても，もし準静的でなければランダウア原理の等号は達成されず，熱力学的に不可逆になる．以上について表 4.2 にまとめた．

表 4.2 $\ln 2$ の情報を消去する際の，熱力学的可逆性と論理的可逆性の関係のまとめ．

	準静的なとき	準静的でないとき
熱力学的	可逆	不可逆
論理的	不可逆	不可逆
熱放出 $-Q$	$= k_{\mathrm{B}}T\ln 2$	$> k_{\mathrm{B}}T\ln 2$
エントロピー生成 σ	$=0$	>0

4.4.3 非対称メモリ

4.4.1 項と 4.4.2 項では，メモリが左右対称である（すなわち 2 つの論理状態がエネルギー的にもエントロピー的にも等価である）状況を考えていた．これを非対称な場合に一般化することを考えよう [22,50]．現実のデバイスにおいてもメモリはしばしば非対称である．

図 4.9(a) に非対称メモリの例を示す．左右の井戸（論理状態 $m=0$ と $m=1$ に対応）の形状が異なる．特に相空間体積が異なるため，それぞれの井戸の内部エントロピーが異なるという点が重要である．図 4.9(b) は対応する箱型モデルであり，左右の箱の体積が異なる．この体積比を $t:1-t$ としよう $(0<t<1)$．

このモデルで情報消去を考えよう．初期状態において $m=0,1$ の確率は $1/2$ ずつとする[26]．これを標準状態 $m=0$ にリセットする．その最適な（熱力学的に可逆な）プロトコルを図 4.10 に示す．

(i) 初期状態で，粒子は左右のどちらかの箱（論理状態 $m=0$ または $m=1$）に，確率 $1/2$ ずつで入っている．箱の体積比は $t:1-t$ である．それぞれ

[26] 一般にこの確率は $t:1-t$ とは限らない．メモリに蓄えられているのは測定するシステムについての情報であり，メモリ自体が熱平衡状態にあるわけではないことに再度注意しよう．

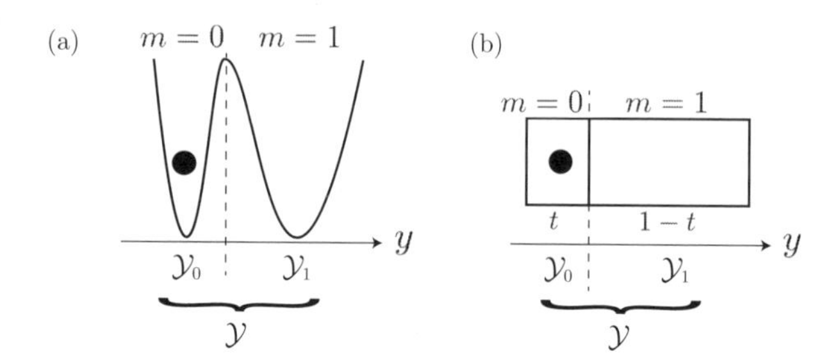

図 4.9　非対称メモリの模式図．(a) 二重井戸モデル．(b) 箱のモデル．4.4.4 項で議論するように，いずれのモデルにおいても，物理自由度の空間 $\mathcal{Y}$ が，論理自由度 $m = 0, 1$ に対応する $\mathcal{Y}_0$ と $\mathcal{Y}_1$ に分割されている．

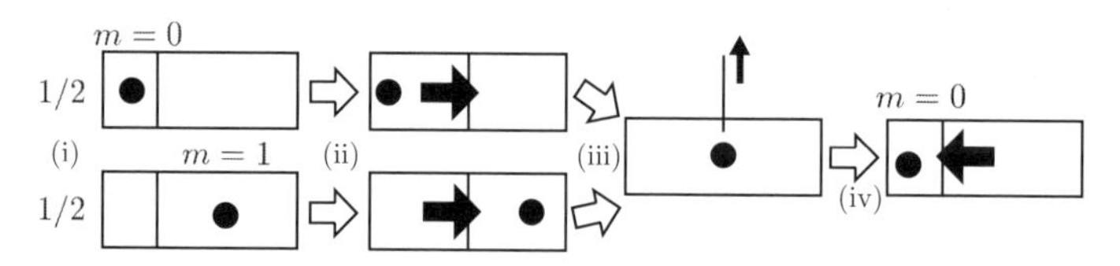

図 4.10　非対称メモリによる情報消去の模式図．初期状態における箱の体積比は $t : 1-t$，粒子の分布は $(1/2, 1/2)$ である。

の箱の中では，粒子は（局所的な）熱平衡状態になっている．

(ii) 中央の仕切りを準静的に移動させ，左右の箱の体積比を $1/2 : 1/2$ にする．

(iii) 中央の仕切りを取り除く．この操作に仕事は必要ない．

(iv) 箱の壁を右側から準静的に押し込み，2 つの箱の体積比を $t : 1-t$ に戻す．粒子は左側の箱（論理状態 $m = 0$）に確率 1 で入っている．左の箱の中では（局所的な）熱平衡状態にある．

以上のプロセスでメモリから放出される仕事と熱量を，再び 1 粒子理想気体の状態方程式を用いて計算すると，

$$-Q = W = k_{\rm B}T \ln 2 - \frac{k_{\rm B}T}{2} \ln \frac{t}{1-t} \tag{4.38}$$

となる．これは非対称メモリに一般化されたランダウア原理の等号を達成していることを後で見る．

$t \neq 1/2$ のとき，式 (4.38) の右辺は $k_{\rm B}T \ln 2$ とは異なる．特に $t > 1/2$ のとき，$-Q = W < k_{\rm B}T \ln 2$ となり，オリジナルのランダウア原理 (4.36) を破るこ

とになる．$t = 4/5$ のときは $-Q = W = 0$ であり，仕事をすることなく情報を消去できる（$t > 4/5$ のときは消去の過程で仕事を取り出すことができる）．このようなランダウア原理の破れは実験でも実証されている [113].

4.4.4 一般化ランダウア原理

以上のような非対称メモリの役割と，その場合へのランダウア原理の一般化を考えるため，ここでより一般的な設定を議論しよう．

メモリの物理状態を y とする[27]．現実の物理的なメモリでは，多数の物理状態が 1 つの論理状態に対応している．このことを定式化するために，物理状態全体の集合 $\mathcal{Y}$ が，論理状態 m でラベルされたお互いにオーバーラップのない部分集合に分かれているとする．それを $\mathcal{Y}_m$ とすると，$\cup_m \mathcal{Y}_m = \mathcal{Y}$，$\mathcal{Y}_m \cap \mathcal{Y}_{m'} = \phi$（$m \neq m'$，$\phi$ は空集合）となっている．$y \in \mathcal{Y}_m$ ならば論理状態は m であると考えるわけである．ある m に対応する物理状態の集合 $\mathcal{Y}_m$ のことを，論理状態 m の内部状態と呼ぶこともある．図 4.9 の非対称メモリの場合について，$\mathcal{Y}_m$ を図示した．

y の確率（密度）を $P(y)$，m の確率を $P(m)$ とする．論理状態の定義から，$P(m) = \int_{\mathcal{Y}_m} dy P(y)$ である．また，論理状態が m であるという条件のもとで y である確率を $P(y|m)$ とすると，$P(y|m) = P(y)/P(m)$（$y \in \mathcal{Y}_m$ のとき），$P(y|m) = 0$ ($y \notin \mathcal{Y}_m$) である．$\int_{\mathcal{Y}_m} dy P(y|m) = 1$ に注意．

ここで重要なのは，$\mathcal{Y}$ 全体のエントロピーは，個々の論理状態（井戸や箱）の内部のエントロピーと，論理状態自体のエントロピー（論理エントロピーと呼ぶ）に分解できることである．実際，シャノン・エントロピーは以下の式を満たす：

$$S(Y) = S(M) + \sum_m P(m) S(Y_m). \tag{4.39}$$

ここで $S(Y) := -\int_{\mathcal{Y}} dy P(y) \ln P(y)$，$S(M) := -\sum_m P(m) \ln P(m)$，$S(Y_m) := -\int_{\mathcal{Y}_m} dy P(y|m) \ln P(y|m)$ と定義した．これらは順に，全体の物理状態のゆらぎ，論理状態のゆらぎ，論理状態内部の物理状態のゆらぎ，を表している．式 (4.39) は以下のように示すことができる：

---

[27] 連続自由度であるとするが，この仮定は本質ではない．

$$
\begin{aligned}
S(Y) &= -\sum_m \int_{\mathcal{Y}_m} dy P(y) \ln P(y) \\
&= -\sum_m \int_{\mathcal{Y}_m} dy P(y|m)P(m) \ln[P(y|m)P(m)] \\
&= S(M) + \sum_m P(m)S(Y_m).
\end{aligned} \tag{4.40}
$$

これをふまえて，クラウジウスの不等式 (2.25) を分解しよう．簡単のため，初期状態と終状態で内部エントロピー $S(Y_m)$ が変化しないと仮定する．これは，たとえば各論理状態の内部で（局所的な）熱平衡になっている場合は満たされる（図 4.7 や図 4.10 の消去のプロセスでは実際そうなっている）．終状態の論理状態の分布を $P'(m)$ として，対応する論理状態のエントロピーを $S(M') := -\sum_m P'(m) \ln P'(m)$ とする．$\Delta P(m) := P'(m) - P(m)$, $\Delta S(M) := S(M') - S(M)$ とおく．このとき，式 (2.25) は

$$
\Delta S(M) + \sum_m \Delta P(m) S(Y_m) \geq \beta Q \tag{4.41}
$$

と書き換えることができる．左辺第 2 項が内部エントロピーの寄与であり，これがゼロでない場合は，論理エントロピーの変化 $\Delta S(M)$ と熱量が直接は結びつかないことがわかる．$S(Y_m)$ が m に依存しない場合は，この内部エントロピーの変化は消え，$\Delta S(M) \geq \beta Q$ となる．

情報消去の場合は，終状態の論理状態が確率 1 で標準状態 $(m = 0)$ になる．したがって，式 (4.41) は

$$
-\beta Q \geq S(M) - \left(S(Y_0) - \sum_m P(m) S(Y_m) \right) \tag{4.42}
$$

となる．内部エントロピーの変化である右辺第 2 項が，ランダウア原理の破れを与えることがわかる．$S(Y_m)$ が m に依存しない場合は

$$
-\beta Q \geq S(M) \tag{4.43}
$$

となり，論理エントロピーに関する通常のランダウア原理が得られる．対称メモリにおけるランダウア原理（図 4.7）はまさにこのような場合である．

式 (4.41) を仕事で書き直してみよう．これは実は 4.2 節の式 (4.24) ですでに与えられているが，メモリの構造を考慮した式を導こう．

y のエネルギーを E_y とすると，論理状態が m であるという条件のもとでの平均エネルギーは $E(Y_m) := \int_{\mathcal{Y}_m} dyP(y|m)E_y$ である．論理状態 m に制限した非平衡自由エネルギーは $F(Y_m) := E(Y_m) - \beta^{-1}S(Y_m)$ と定義できる．ここで $S(Y_m)$ に加えて $E(Y_m)$ も過程の前後で変化しないと仮定する（$\mathcal{Y}_m$ 内で最初と最後で分布が同じでエネルギー準位も同じであれば，これは満たされる）．このとき $F(Y_m)$ も変化しない．メモリに対してする仕事 W は熱力学第一法則 $\sum_m \Delta P(m)E(Y_m) = Q + W$ を満たす．したがって，式 (4.41) は

$$\beta W \geq -\Delta S(M) + \beta \sum_m \Delta P(m)F(Y_m) \tag{4.44}$$

となる．特に情報消去の場合は，式 (4.42) は

$$\beta W \geq S(M) + \beta \left(F(Y_0) - \sum_m P(m)F(Y_m) \right) \tag{4.45}$$

となる．右辺第 2 項がランダウア原理に対する補正である．これがゼロであれば，通常のランダウア原理

$$\beta W \geq S(M) \tag{4.46}$$

が得られる．

さらに，初期状態が各論理状態の内部で局所平衡になっているとしよう（図 4.7 や図 4.10 の場合はこれが満たされていた）．論理状態 m に対応する平衡自由エネルギーを

$$F_{\rm eq}(Y_m) := -\beta^{-1} \ln \int_{\mathcal{Y}_m} dy e^{-\beta E_y} \tag{4.47}$$

と定義する．これは $F(Y_m) \geq F_{\rm eq}(Y_m)$ を満たし，等号は $P(y|m) = e^{\beta(F_{\rm eq}(Y_m)-E_y)}(y \in \mathcal{Y}_m)$ のときに成立する．したがって，たとえば情報消去の場合は，式 (4.45) より

$$\beta W \geq S(M) + \beta \Delta F_{\rm eq} \tag{4.48}$$

が得られる．ここで局所平衡自由エネルギーの変化 $\Delta F_{\rm eq} := F_{\rm eq}(Y_0) -$

$\sum_m P(m)F_{\rm eq}(Y_m)$ を定義した．この $\Delta F_{\rm eq}$ の項はメモリの構造を反映しており，特にメモリが非対称性の場合のみノンゼロになる．4.2 節で式 (4.24) の右辺はメモリの構造に依存すると述べたが，それはまさにこのような意味であった．

ここで図 4.10 の非対称メモリによる情報消去の場合に立ち戻ろう．m の初期分布は $P(0) = P(1) = 1/2$ であり，$S(M) = \ln 2$ である．箱の体積比から $S(Y_0) - S(Y_1) = \ln[t/(1-t)]$ がわかるので，

$$S(Y_0) - \sum_{m=0,1} P(m)S(Y_m) = \frac{1}{2}\ln\frac{t}{1-t} \tag{4.49}$$

がわかる．これは式 (4.38) の右辺第 2 項（から $-k_{\rm B}T$ を除いたもの）に他ならない．式 (4.42) と比べることにより，図 4.10 のプロトコルは一般化ランダウア原理の等号を達成していることがわかる．非対称メモリによるランダウア原理の破れは，それぞれの箱の中の内部ゆらぎに由来していることが直接確かめられたことになる．

最後に，改めて論理的可逆性と熱力学的可逆性の関係に触れておこう．上記のようなプロセスで，一般に入力の論理状態 m が出力の論理状態 $\varphi(m)$ に写像されるとしよう [28]．φ が単射でないときが論理的に不可逆なのであった．このとき，$P'(m') = \sum_{m:\varphi(m)=m'} P(m)$ に注意して，

$$S(M) - S(M') = \sum_{m'} \sum_{m:\varphi(m)=m'} P(m)[\ln P'(m') - \ln P(m)] \geq 0 \tag{4.50}$$

となる（ここで $P'(m') \geq P(m)$ を用いた）．すなわち $\Delta S(M) \leq 0$ であり，論理的に不可逆な過程で論理エントロピーは非増加である．

一方で，メモリの物理状態全体のエントロピー $S(Y)$ は，各論理状態の内部エントロピーの効果により，増えることも減ることもある．すなわち $\Delta S(Y)$ の符号が $\Delta S(M)$ の符号と一致するとは限らない．一方で，式 (2.25) を通して熱と結びつくのは $\Delta S(Y)$ である．これが，論理的に不可逆な過程であっても（従来のランダウア限界とは異なり）$-Q$ や W が正にも負にもなる理由である．また，熱

[28] m がビット列で表されている場合，そのビット列に対する（チューリングマシンの意味での）「計算」を考えることができる．写像 φ がこの意味で計算可能な関数であるとき，本項での議論は「計算の熱力学」であると言えるだろう．

力学的な不可逆性は，メモリの物理的エントロピーに加えて熱浴のエントロピーも考慮したエントロピー生成が正であること，すなわち $\sigma = \Delta S(Y) - \beta Q > 0$，によって特徴づけられる．ここからも，論理的に不可逆であること，正の熱量が放出されること，熱力学に不可逆であること，の間にはいずれも対応がないことが確かめられる．

4.4.5 測定に要する仕事：再訪

以上で考えたような一般的なメモリの構造を念頭において，4.2 節で導いた測定に要する仕事について再考しよう．これまでの記号を踏襲するが，ここからは測定を考えるので，初期状態は標準状態 $m = 0$ である．得られる結果は 4.2 節の式 (4.23) と本質的な違いはないが，非平衡自由エネルギー F がメモリの内部構造を反映した形に分解される [22, 50]．

測定後の論理状態の確率分布を $P(m)$，そのシャノン・エントロピーを $S(M)$ とする．また，内部エントロピー $S(Y_m)$ は測定の前後で変化しないとする．このとき式 (4.41) の左辺は $\sigma(Y) = S(M) + \sum_m P(m)S(Y_m) - S(Y_0) - \beta Q$ となる．一方の相互情報量については，論理状態 m のみがシステムの状態 x と相関をもっていると仮定する．これは，測定後はメモリの論理状態の内部が緩和していると考えれば自然な仮定である．すなわち，$y \in \mathcal{Y}_m$ ならば $P(x, y) = P(x, m)P(y|m)$ が成り立つと仮定する．このとき $I(X : Y) = I(X : M)$ が成り立つ [29]．ここで $I(X : M)$ は論理状態が得た情報であり，メモリ構造の物理的意味と一致している．したがって式 (4.23) は

$$S(M) + \sum_m P(m)S(Y_m) - S(Y_0) - \beta Q \geq I(X : M) \tag{4.51}$$

となる．測定で得た（論理状態の）シャノン・エントロピーと相互情報量を明示的に含む形になったことに注意しよう．

これを仕事と自由エネルギーを使って書き直すと，$F(Y_m)$ は測定の前後で変化しないという仮定のもとで

[29] $S(X, Y) = S(X, M) + \sum_m P(m)S(Y_m)$，$S(Y) = S(M) + \sum_m P(m)S(Y_m)$ より $I(X : Y) = S(X) + S(Y) - S(X, Y) = S(X) + S(M) - S(X, M) = I(X : M)$．

$$\beta W \geq \beta \left(\sum_m P(m) F(Y_m) - F(Y_0) \right) - S(M) + I(X:M) \tag{4.52}$$

となる．さらに，測定前の分布が $m = 0$ での局所平衡分布だとすると，局所平衡自由エネルギー (4.47) を用いて

$$\beta W \geq \beta \Delta F_{\mathrm{eq}} - S(M) + I(X:M) \tag{4.53}$$

を得る．ここで $\Delta F_{\mathrm{eq}} := \sum_m P(m) F_{\mathrm{eq}}(Y_m) - F_{\mathrm{eq}}(Y_0)$ とおいた．

具体例として箱型モデルを考えよう．まずはもっとも簡単な場合として，対称メモリで，測定に誤差がない場合を考える．図 4.11 のプロトコルを考える．測定の前後でそれぞれの箱の中では熱平衡だとする．$x = 0$ なら何もしない．$x = 1$ なら準静的に箱ごと右に寄せる（あるいは，右の壁を膨張させてから，左の壁を押し込んだと思ってもよい）．いずれの操作にも仕事は必要ないので，この場合は測定においてメモリに仕事は必要なく，$W = 0$ である．これはベネットが考えた場合である（第 1 章の末尾の囲み記事を参照）．式 (4.53) を考えると，対称メモリなので $\Delta F_{\mathrm{eq}} = 0$，測定に誤差がないので $S(M) = I(X:M)$ であり，右辺はゼロである．すなわちこのプロトコルは，式 (4.53) の等号を達成していることがわかる．

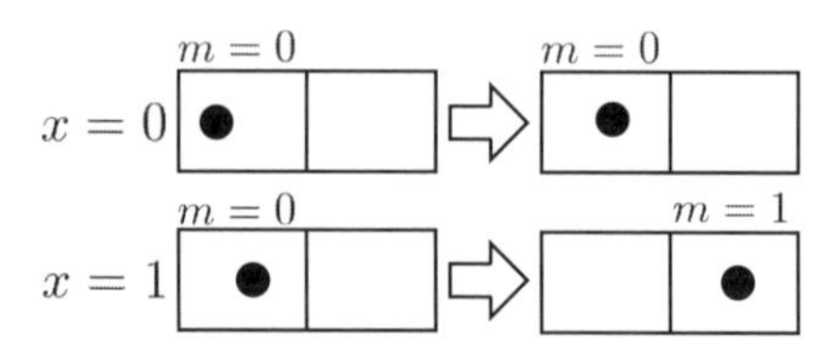

図 4.11　対称メモリによる測定の模式図．システムの状態が x，測定結果が m である．

次に，図 4.9(b) の非対称メモリを考える（箱の大きさの比は $t : 1-t$）．測定誤差はないとする．図 4.12 にプロトコルを示す．$x = 0$ の場合はやはり何もしない．$x = 1$ の場合は，まず中央の仕切りを右端まで準静的に動かす．次に左側の壁を準静的に動かし，箱の大きさの比を $t : 1-t$ に戻す．このときに要する仕事は，1 粒子理想気体の状態方程式を使って計算すると $k_{\mathrm{B}} T \ln[t/(1-t)]$ で

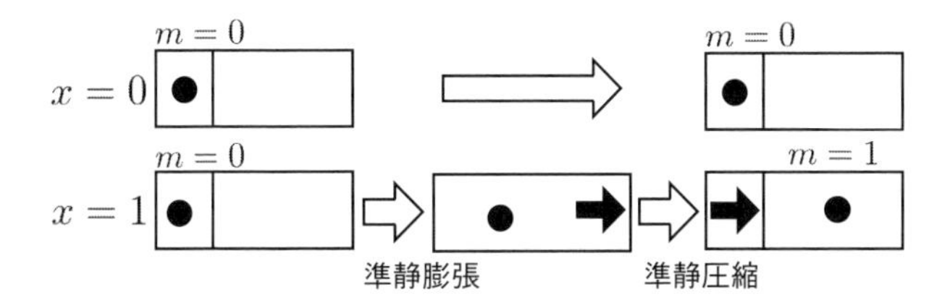

図 4.12 非対称メモリによる測定の模式図．システムの状態が x，測定結果が m．最初と最後の箱の体積比は $t:1-t$ である．

ある．$x=0,1$ の確率が 1/2 ずつだとすると，この測定で要する仕事は平均で

$$W=\frac{k_{\mathrm{B}}T}{2}\ln\frac{t}{1-t}. \tag{4.54}$$

一方，式 (4.49) を求めたときと同様にして，$\Delta F_{\mathrm{eq}}=(k_{\mathrm{B}}T/2)\ln[t/(1-t)]$．測定誤差がないので $S(M)=I(X:M)$．以上より，このプロトコルは式 (4.53) の等号を達成していることがわかる．

4.4.6 測定と消去のトレードオフ

最後に，メモリの内部構造をふまえたうえで，4.2 節での議論と同様に，測定と情報消去に要する仕事のトレードオフを考えよう．どのプロセスでの変化かを明示するために，“meas” や “erase” をつける．測定と消去に要する仕事を W^{meas} と W^{erase} として，平衡自由エネルギー変化を $\Delta F_{\mathrm{eq}}^{\mathrm{meas}}$，$\Delta F_{\mathrm{eq}}^{\mathrm{erase}}$ とする．$\Delta F_{\mathrm{eq}}^{\mathrm{meas}}=-\Delta F_{\mathrm{eq}}^{\mathrm{erase}}$ に注意すると，式 (4.53) と (4.48) を合計して

$$W^{\mathrm{meas}}+W^{\mathrm{erase}}\geq k_{\mathrm{B}}TI(X:M) \tag{4.55}$$

を得る．このトレードオフ関係は式 (4.25) と本質的に同じであり，右辺はメモリの構造に依存せずに，測定で得た相互情報量だけで決まっている．ただし，式 (4.25) と異なり，式 (4.55) は右辺がシステムとメモリの論理状態の間の相互情報量 $I(X:M)$ となっていることに注意しよう．

具体例として図 4.9 の非対称メモリを考えよう．測定の仕事 (4.54) と消去の仕事 (4.38) を足すと，t（すなわちメモリの構造）によらずに $W^{\mathrm{meas}}+W^{\mathrm{erase}}=k_{\mathrm{B}}T\ln 2$ となる．これはトレードオフ関係 (4.55) の等号を達成している．

マクスウェルのデーモンのパラドックスの解決

さて，ここまでの議論をまとめて，マクスウェルのデーモンのパラドックスがどう解決されるかを整理しておこう．これまでに見たように，2つの理解の仕方がある．

第一に，仕事の観点から考えてみよう．これは伝統的な議論の延長線上にあるものである（第1章末尾の囲み記事「マクスウェルのデーモンの歴史」も参照）．問題は，デーモン自身のメモリに必要な仕事が，どのような物理的メカニズムで，どのプロセスで必要かということである．仕事が測定に必要か消去に必要かについては，メモリの構造に依存し，どちらも単独ではゼロになりうる．しかし両者の合計には普遍的なトレードオフ関係(4.25) あるいは (4.55) が存在し，その下限は測定で得た相互情報量 I だけで決まり $k_{\mathrm{B}}TI$ で与えられる．この $k_{\mathrm{B}}TI$ の項は，式 (4.23) から見てとれるように，測定過程に由来している．一方の情報消去のランダウア原理の下限はシャノン情報量で与えられ，それは式 (4.55) の導出からも見てとれるように打ち消されてしまう．なお，4.4 節で議論したように，論理的不可逆性という概念はデーモンのパラドックスの理解にほとんど無関係であることは強調されるべきであろう（そもそも，情報の消去は熱力学的に可逆にできる）．以上により，測定に要する余分な仕事 $k_{\mathrm{B}}TI$ こそが重要であり，これがフィードバックで余分に取り出せる仕事 $k_{\mathrm{B}}TI$ とちょうど打ち消し合い，式 (4.26) のようにマクスウェルのデーモンと第二法則を整合させるのである．

第二は全系のエントロピー生成に基づく議論である．この観点からは，よりシンプルにデーモンと第二法則の整合性を理解できる．4.3 節で議論したように，システムとメモリの全系のエントロピー生成 $\sigma(X,Y)$ は常に非負であり，これが本来の第二法則である．すなわち，測定やフィードバックの過程のそれぞれ単独で，デーモンと第二法則は明らかに整合しているのである（図 4.5 を参照）．すなわち解くべき「パラドックス」など存在していないとさえ言える．ではなぜ，一見するとデーモンが第二法則を破っているようにも見えたのだろうか？　その理由は，全系のエントロピー生成 $\sigma(X,Y)$ ではなく，システムだけの「エントロピー生成」$\sigma(X)$ に着目していたからに他ならない．$\sigma(X,Y)$ から式 (4.33) のように相互情報量の項を落としたのが $\sigma(X)$ なので，$\sigma(X)$ は相互情報量の分まで負になりうるのである．これが，フィードバックによって相互情報量まで仕事を取り出せた理由である．すなわち，デーモンが一見すると第二法則を破るように見えていた（$\sigma(X)$ が負になりえた）のは，全系のエントロピー生成 $\sigma(X,Y)$ から相互情報量の寄与を落としていたからである．なお，測定の過程では $\sigma(Y)$ が相互情報量の正の項で下からバウンドされるが，これが上記の 1 つ目の観点の測定に要する仕事に他ならない（測定とフィードバックはお互いに時間反転の関係にあったことを思い出そう）．

以上の 2 つの観点は相補的であり，これをもってマクスウェルのデーモンのパラドックスは完全に理解されたと言ってよいであろう．

4.5 自律的なマクスウェルのデーモン

本章の最後に，自律的に動作するマクスウェルのデーモンについて考えよう．ここで「自律的なマクスウェルのデーモン」とは，システムとデーモン（メモリ）が全体として（外部パラメータによる操作なく）自律的に動作する熱力学系になっており，お互いに測定とフィードバックが時間について連続的に起こっているような状況である．これは特に生体情報処理，たとえば細胞内のシグナル伝達に関連していると考えられる．細胞内での情報処理は，ゆらぎにさらされながら $k_{\mathrm{B}}T$ のオーダーの世界で行われており，また外部の操作者なしで自律的に行われているからである．

4.5.1 トイモデル

まずは簡単な具体例（トイモデル）によって，自律的なマクスウェルのデーモンがどのような概念であるかを説明しよう [114]．粒子の輸送のモデルを考える．図 4.13 のように，化学ポテンシャルの高い粒子浴 H と低い粒子浴 L があり，中央に粒子が高々 1 個入るサイトがある．簡単のため，粒子浴の温度は同じで $T=(k_{\mathrm{B}}\beta)^{-1}$ とする．このサイトがフィードバックされるシステムであり，

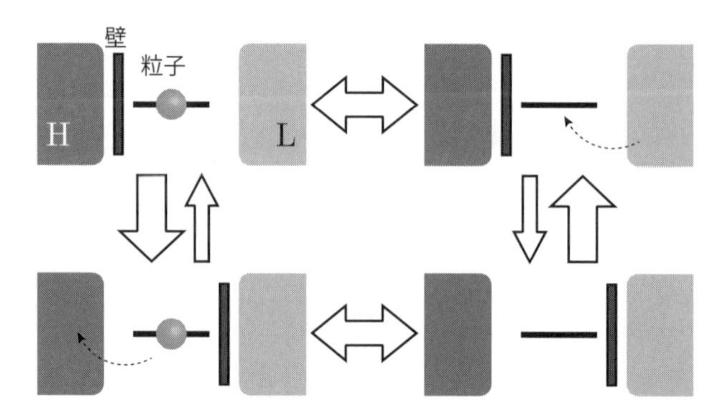

図 4.13　自律的なマクスウェルのデーモンの模式図．2 つの粒子浴（左側の濃度が高いとする）の間に粒子が入るサイトがあり，その左右どちらかに壁がある．粒子がサイトにあるときは壁が右側に来やすく，ないときは壁が左側に来やすいようにすることで，粒子浴の化学ポテンシャル差に逆らって粒子を輸送することができる．

その状態は粒子数 $x = 0, 1$ である．何もしなければ，粒子は化学ポテンシャル勾配に沿って，H から L へと平均して移動していく．

ここで，サイトと粒子浴の間には，粒子の移動を禁止する「壁」を入れることができるとする．デーモンが x（サイトの粒子の有無）を測定し，$x = 0$ なら（粒子がなければ）左側に壁を入れ，$x = 1$ なら（粒子があれば）右側に壁を入れる．こうすれば，粒子は化学ポテンシャル勾配に逆らって L から H に移動していくだろう．これはフィードバックによるエントロピー生成の減少に他ならない．

このフィードバックを「自律的」に行うことを考えよう．図 4.13 のように，壁自体も（粒子浴とは別の）化学ポテンシャルを燃料にして自律的に動くとする．壁と粒子はそれぞれが熱浴/粒子浴ごとの詳細つり合いを満たして自律的に動いているが，全体は詳細つり合いを破っているので定常的な流れが生じる．壁が左にあるか右にあるかの状態を $y = l, r$ とする．全系は (x, y) のとりうる 4 状態からなる．サイトに粒子がなければ壁は左側に行きやすく，サイトに粒子があれば壁は右側に行きやすいとする．こうすれば，上記のデーモンによるフィードバックが自律的に再現でき，粒子は L から H へと輸送されることが期待できる．これ自体は情報熱力学的に考えなくても矛盾はなく，壁に供給された化学ポテンシャル（自由エネルギー）が粒子の移動に変換されたということである．

では，ここで「情報」の果たしている役割はどうなっているのだろうか．本章でこれまで議論してきた「デーモン」の概念を，自律的な状況にも一般化することでこの問題を考えてみよう．

4.5.2 相互情報量の流れ

上記の具体例を念頭に置き，X，Y の 2 つの系が自律的に相互作用している状況を考えよう．これらは共通の逆温度 β の熱浴に接しているとする．

本節ではマルコフ過程に限定して考える．以下では特にマルコフジャンプ過程 (3.4 節) を念頭に置くことにしよう [30)]．X と Y の状態を (x, y) として，それらが同時には遷移しないという二部 (bipartite) 条件を仮定する．これは，遷移レートを $R(x', y'|x, y)$ とすると，$x \neq x'$ かつ $y \neq y'$ のときに $R(x', y'|x, y) = 0$ となるという条件である．

時刻 t における 2 つの系を X_t，Y_t とする．対応する相互情報量は $I(X_t : Y_t)$ である．この偏微分を「情報流」と定義しよう [114]：

$$\dot{I}_X(t) := \frac{I(X_{t+dt} : Y_t) - I(X_t : Y_t)}{dt}, \quad \dot{I}_Y(t) := \frac{I(X_t : Y_{t+dt}) - I(X_t : Y_t)}{dt}. \tag{4.56}$$

なおこれらを合計すると全微分になる：

$$\frac{d}{dt} I(X_t : Y_t) = \dot{I}_X(t) + \dot{I}_Y(t). \tag{4.57}$$

特に定常状態においては確率分布が時間変化しないので，$\dot{I}_X(t) + \dot{I}_Y(t) = 0$ である．

情報流の正負が，どちらが「デーモン（メモリ）」でどちらが「（フィードバックされる）システム」であるかを判定する目安となる．正の側が情報を取得した側なのでデーモンであり，負の側が情報を使ってフィードバックされているシステムである．たとえば，X がシステムで Y がデーモンであれば，$\dot{I}_X(t) < 0$, $\dot{I}_Y(t) > 0$ である．この相互情報量の正負による議論は，図 4.5 の場合と同じで

30) ただし，ランジュバン系（付録 B）でも同様の議論が可能である．

ある．いまの設定はこのような「三角形」の図式を時間方向に並べ，各ステップの時間間隔が dt であるような極限をとったものとみなすことができる．図 4.14 に模式図を示す[31]．つまり，「全系のうちどの部分がデーモンの役割を果たしているか」といったことが明確でない複雑な系の時系列データが与えられたとき，その情報流を計算することで「測定」と「フィードバック」がどちら向きに行われているかを判定できる．ただし，情報流が負になっている側が本当にフィードバックされているのか，それとも単に相関が散逸しているのかを判断するには，以下に述べる $\dot{\sigma}(X)$ や $\dot{\sigma}(Y)$ まで見る必要がある．

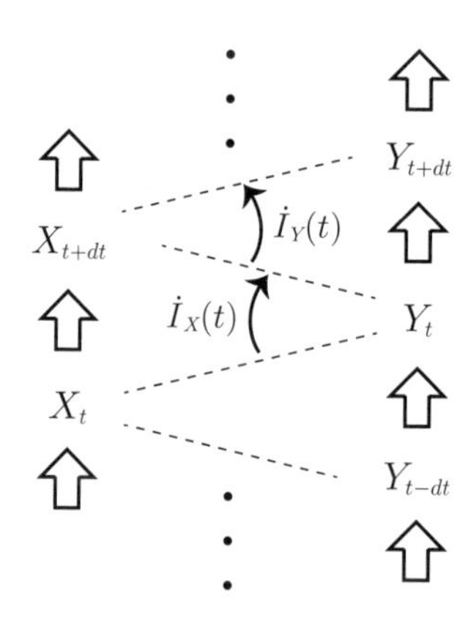

図 4.14　情報流 (4.56) やエントロピー生成の分解 (4.60) の際のダイナミクスの模式図．図 4.5 の連続極限ともみなせる．

この情報流の概念を用いると，4.3 節の図 4.5 の場合とまったく同様にして，エントロピー生成を分解することができる．以下では簡単のために時間の引数 t を明記するのを省略する．まず，X と Y が単位時間あたりに吸収する熱量を $\dot{Q}(X)$，$\dot{Q}(Y)$ とする．X と Y の間でエネルギーのやり取りがない（あるいは，あったとしても仕事とカウントできる）とすると，両者が吸収する熱量は $\dot{Q}(X,Y) = \dot{Q}(X) + \dot{Q}(Y)$ である．また，全系の単位時間あたりのエントロピー生成は

$$\dot{\sigma}(X,Y) := \frac{d}{dt}S(X,Y) - \beta\dot{Q}(X,Y) \tag{4.58}$$

---

31) $\dot{I}_Y(t)$ の定義において X の時刻が式 (4.56) に比べて dt だけずれているが，この差は dt のオーダーなので無視できる．

である．ここで $\frac{d}{dt}S(X,Y)$ はシャノン・エントロピーの時間についての全微分 $\frac{dS(X_t,Y_t)}{dt}$ を意味する．全系の第二法則からこれは非負である：

$$\dot{\sigma}(X,Y) \geq 0. \tag{4.59}$$

4.3 節の式 (4.31) と同様に，X と Y の「エントロピー生成」を $\dot{\sigma}(X) := \frac{d}{dt}S(X) - \beta\dot{Q}(X)$，$\dot{\sigma}(Y) := \frac{d}{dt}S(Y) - \beta\dot{Q}(Y)$ と定義する．このとき，相互情報量の全微分を用いて $\dot{\sigma}(X,Y) = \dot{\sigma}(X) + \dot{\sigma}(Y) - \frac{dI(X_t,Y_t)}{dt}$ が成り立つが，情報流を用いると，これをさらに

$$\dot{\sigma}(X,Y) = (\dot{\sigma}(X) - \dot{I}_X) + (\dot{\sigma}(Y) - \dot{I}_Y) \tag{4.60}$$

と書き直すことができる．ここで $\dot{\sigma}(X) - \dot{I}_X$ および $\dot{\sigma}(Y) - \dot{I}_Y$ は，図 4.14 の各々の「三角形」に対応したエントロピー生成なので [32]，それぞれが非負である：

$$\dot{\sigma}(X) - \dot{I}_X \geq 0, \quad \dot{\sigma}(Y) - \dot{I}_Y \geq 0. \tag{4.61}$$

すなわち，全系の第二法則 (4.59) よりも強い不等式が得られることになる．これは 4.3 節の式 (4.34) の連続極限に他ならない．

このように，情報流を用いた自律的な状況の定式化は，情報熱力学の基本的な考え方（図 4.5）の自然な一般化・極限であることがわかる．もしも，$\dot{I}_X < 0$ に加えて $\dot{\sigma}(X) < 0$ になっていれば，X はフィードバックによってエントロピーが減らされる側であることがわかる（その場合，Y がデーモンである）．また，デーモンのダイナミクスにおいて測定と消去の間の区切りをすることにあまり意味はなく，デーモンが外部から得た相互情報量こそが重要であるという考え方（図 4.2 を参照）も，このような自律的な状況なら（そもそも測定と消去の区切りを一意にすることは不可能なので）より自然に納得されよう．

マルコフジャンプ過程の場合に，式 (4.61) の証明を明示的に書いておこう [114]．時間の引数は省略する．遷移レートを $R(x',y'|x,y)$ として，マスター方程式

[32] 4.3 節の式 (4.29) の連続極限に相当し，式 (4.35) の $\sigma^{\mathrm{meas}}(X,Y)$ と $\sigma^{\mathrm{fb}}(X,Y)$ の連続極限が，それぞれ $\dot{\sigma}(X) - \dot{I}_X$ と $\dot{\sigma}(Y) - \dot{I}_Y$ に対応すると言える．ただし，いまはより一般的な状況を考えており，それぞれのプロセスが測定やフィードバックであると限定しているわけではない．

を $\partial P(x',y')/\partial t = \sum_{x,y} [R(x',y'|x,y)P(x,y) - R(x,y|x',y')P(x',y')]$ とする．$y=y'$ のとき $R(x',y'|x,y) = R_y(x'|x)$，$x=x'$ のとき $R(x',y'|x,y) = R_x(y'|y)$ と書くことにする（それ以外のときは，二部条件より $R(x',y'|x,y)=0$ である）．

まず，(x,y) から (x',y') への確率流を $J(x',y'|x,y) := R(x',y'|x,y)P(x,y) - R(x,y|x',y')P(x',y')$ とする．また，$J_y(x'|x) := R_y(x'|x)P(x,y) - R_y(x|x')P(x',y)$ と定義し，同様に $J_x(y'|y)$ を定義しておく．このとき情報流は

$$\dot{I}_X = \sum_{x' \geq x, y} J_y(x'|x) \ln \frac{P(y|x')}{P(y|x)}, \quad \dot{I}_Y = \sum_{x, y' \geq y} J_x(y'|y) \ln \frac{P(x|y')}{P(x|y)} \tag{4.62}$$

となる．一方，X のエントロピー生成は

$$\dot{\sigma}(X) = \sum_{x' \geq x, y} J_y(x'|x) \ln \frac{R_y(x'|x)P(x)}{R_y(x|x')P(x')} \tag{4.63}$$

で与えられる．したがって

$$\dot{\sigma}(X) - \dot{I}_X = \sum_{x' \geq x, y} J_y(x'|x) \ln \frac{R_y(x'|x)P(x,y)}{R_y(x|x')P(x',y)} \geq 0 \tag{4.64}$$

となり，式 (4.61) の左の不等式が示された（ここで，3.4 節の式 (3.101) を示すときと同じ論法を用いる）．Y についても同様である．

さらに，定常状態においては，3.2 節で述べたような不可逆過程の熱力学の枠組みで考えることができる．X と Y のカレント J_X，J_Y とアフィニティ F_X，F_Y を用いて，それぞれのエントロピー生成が $\dot{\sigma}(X) = J_X F_X$，$\dot{\sigma}(Y) = J_Y F_Y$ のように書けるとしよう．全系のエントロピー生成は $\dot{\sigma} = J_X F_X + J_Y F_Y$ と，式 (3.34) と同様の形で書くことができる．図 4.13 のモデルの場合は，J_X は粒子数のカレント，F_X は粒子浴の化学ポテンシャル差，J_Y は壁の位置に対応するカレント，F_Y はそれを駆動する（粒子浴とは別の）化学ポテンシャルである．

さらに，情報流に対しても，それを駆動する情報アフィニティという概念を導入することができる [114]．このことを図 4.13 のモデルで見てみよう．定常状態における $x=0,1$ と $y=l,r$ の分布を $P(x,y)$ と書き，$\dot{I} := \dot{I}_X = -\dot{I}_Y$ とする．まず，情報アフィニティを

$$F_I := \ln \frac{P(0,r)P(1,l)}{P(0,l)P(1,r)} \tag{4.65}$$

と定義する．これは確率分布の偏りを特徴づけており，エントロピー的なアフィニティであると言える．それと共役なカレント（情報カレントと呼ぶ）を $J_I := J_l(1|0)$ と定義すると，式 (4.62) より $\dot{I} = J_I F_I$ が成り立つ．これを用いると

$$\dot{\sigma}(X) - \dot{I} = J_X F_X - J_I F_I \geq 0, \quad \dot{\sigma}(Y) + \dot{I} = J_Y F_Y + J_I F_I \geq 0 \tag{4.66}$$

のように，情報流を含めて不可逆熱力学の式 (3.34) と同様の形で書ける．

なお，3.2.2 項のように J_X, J_I を F_X, F_I で展開して，情報アフィニティを含めたオンサーガー係数を定義することもできる．それに対して，情報を含めたオンサーガー相反定理 $L_{XI} = L_{IX}$ が成り立つ [115]．ただしこれを示すには，シュネッケンバーグ (Schnakenberg) のネットワーク理論的な定式化 [116] を用いる必要がある．

また，確率的な情報流の概念を導入し，個々の経路のレベルで式 (4.57) を満たすようにできる．この確率的な情報流と確率的エントロピー生成を合わせて考えることで，式 (4.15) に似た形の積分型ゆらぎの定理を示すことができる [117]．

4.5.3 移動エントロピー

最後に，「情報の流れ」を表す別の概念として，移動エントロピー (transfer entropy) を挙げておこう．これはシュリーバー (Schreiber) [118] によって導入された概念で，時系列解析などにも用いられる [33]．

いまの設定では，X から Y への移動エントロピーは，

$$\dot{T}_{X \to Y} := \frac{I(X_t : Y_{t+dt}|Y_t)}{dt} \tag{4.67}$$

で与えられる [34]．ここで $I(X : Y|Z)$ は，Z という条件のもとでの X と Y の条件つき相互情報量である．$\dot{T}_{X \to Y}$ は，Y が t から $t + dt$ の間に X について の情報をどれだけ新たに取得したかを表している．同様に $\dot{T}_{Y \to X}$ も定義でき

33) ノーベル経済学賞も受賞したグレンジャー因果性 (Granger causality) の概念は，ガウス過程においては移動エントロピーによる特徴づけと同じであることが知られている．

34) より一般には，Y についての条件づけは，Y_t だけでなく，時刻 t までの Y の経路すべてで行わないといけない．しかしここでは，この簡易版の定義を採用する．

る．負になりえた情報流 $\dot{I}_X, \dot{I}_Y$ とは違って，移動エントロピーはどちらの方向 $\dot{T}_{X\to Y}, \dot{T}_{Y\to X}$ も非負であることに注意しておく．マルコフジャンプ過程の場合は，具体的な表式は以下のようになる：

$$\dot{T}_{X\to Y} = \sum_{x,y\neq y'} R_x(y'|y)P(x,y)\ln\frac{P(x,y'|y)}{P(x|y)P(y'|y)}. \tag{4.68}$$

一方，$\dot{I}_Y > 0$ のとき，$\dot{I}_Y$ も Y が取得した情報量を表すのであった．これら 2 つの情報流は

$$\dot{T}_{X\to Y} \geq \dot{I}_Y \tag{4.69}$$

という関係を満たす．実際，

$$\dot{T}_{X\to Y} - \dot{I}_Y = \sum_{x,y\neq y'} R_x(y'|y)P(x,y)\ln\frac{P(x|y',y)}{P(x|y')} \geq 0 \tag{4.70}$$

がわかる．等号成立は $P(x|y',y) = P(x|y')$ のときで，X の推定に Y の過去の記録を必要としないことを意味しており，y' が x についての十分統計量と呼ばれる場合に相当する [35]．$\dot{T}_{X\to Y}$ と $\dot{I}_Y$ の差は，Y がいかに「効率的」に X についての情報を取得しているかの指標になっている [119]．なお定常状態の場合に，式 (4.61) と (4.69) から $\dot{\sigma}(X) \geq -\dot{T}_{X\to Y}$ が得られるが [109, 120]，これは式 (4.61) より弱い不等式になっている．

また，移動エントロピーを用いた情報熱力学の定式化の利点として，非マルコフ系を含んだ広いクラスのネットワーク上の確率過程（ベイジアン・ネットワーク）に拡張可能であることが挙げられる [121]．さらに逆移動エントロピー (backward transfer entropy) という概念を導入することで，式 (4.61) を非マルコフ過程に一般化することもできる [122]．

[35] たとえばランジュバン系の場合は，カルマン・フィルタがそのような性質をもつ．

生物と情報熱力学

ゆらぎの熱力学と生物物理には密接な関係がある．細胞内の分子機械などは大きな熱ゆらぎにさらされて動いているため，ゆらぎの熱力学を応用する格好の舞台であるためである．たとえば，前出の分子モーター $\mathrm{F_1}$-ATPase にゆらぎの定理を応用した実験もなされている [123].

さらに，細胞内ではシグナル伝達をはじめ，いろいろな情報処理が行われている．そのような情報処理もやはり大きな熱ゆらぎにさらされており，さらに細胞内の情報処理は自律的に行われているため，情報熱力学，特に自律的なマクスウェルのデーモンの理論を応用することができる．

たとえば，大腸菌の走化性シグナル伝達（エサとなる化学物質を検出するシグナル伝達）においては，受容体のメチル化レベルとキナーゼ活性の間でフィードバックが行われている．ここでメチル化レベルが，いわば「デーモン」の役割を果たしており，外界のノイズを削減してより正確に情報伝達を行うためにフィードバックを用いていると解釈することができる [120]. このような観点から生体情報処理をモデル化して情報熱力学的な解析を行うことで，その熱力学的・情報理論的な効率を明らかにする研究が注目されている．

付録 A 情報理論入門

この付録では，情報理論の基本的な概念についてまとめる．これまで本文で用いてきた概念，特にシャノン情報量と相互情報量について，初学者を念頭において解説する．標語的に言えば，シャノン情報量は「ランダムネス」を，相互情報量は「相関」を表している．また，補足的に KL 情報量とフィッシャー (Fisher) 情報量についても解説する．この付録だけでできるだけ自己完結的になるように記述したので，ここだけ独立して読むこともできる．

A.1 シャノン情報量

まずは，情報理論においてもっとも基本的な概念である，シャノン情報量を導入する．これはしばしばシャノン・エントロピーとも呼ばれる．本書でも情報量とエントロピーは用語として区別しない（これまでの本文では主にシャノン・エントロピーと呼んできた）．両者の概念的な関係については，2.2 節で議論したとおりである．

X を確率変数，x をそのとりうる値としよう．まずは簡単のために x は有限個の値をとる離散変数とする．たとえば，X を「くじ引きの結果」とすると，$x=$「あたり」または $x=$「はずれ」という 2 つの値をとりうる．x のことを事象（イベント）と呼ぶこともある．x の確率を $P(x)$ とする（もちろん $\sum_x P(x) = 1$ である）．このとき X のシャノン情報量（シャノン・エントロピー）は

$$S(X) := -\sum_x P(x) \ln P(x) \tag{A.1}$$

と定義される．シャノン情報量が特徴づけているのは，確率変数 X がどのくら

いランダムか，に他ならない．

この定義のモチベーションについて考えてみよう．まず，「事象 x のもつ情報量」という概念について考える．直観的には，稀な事象ほど情報量が大きい，と考えられる．たとえば，「あたり」の確率が非常に小さいくじ引きをしたとき，「はずれ」を引いても驚きはない（情報量が小さい）が，「あたり」を引くと驚きがある（情報量が大きい）はずだ[1]．すなわち，確率が小さい事象ほど大きな情報量をもつように定義すればよい．そこで，まず素朴な発想として，$1/P(x)$ という定義が考えられる．しかしこの定義ではうまくいかない．そこで対数をとって，

$$s(x) := \ln \frac{1}{P(x)} \tag{A.2}$$

を x のもつ情報量と定義する．これはしばしば「自己情報量」と呼ばれる．対数をとった理由は以下のとおりである．重要なのは，情報量は加法性をもつべし，すなわち足し算ができるものであるべし，という要請である．すなわち，2つの独立な事象 x と y があるとき，全体 (x, y) のもつ情報量は，x のもつ情報量と y のもつ情報量の和であってほしい．独立な事象について，結合確率 $P(x, y)$ は個々の確率の積になる，すなわち $P(x, y) = P(x)P(y)$ が成り立つことに注意する．この対数をとると

$$s(x, y) = \ln \frac{1}{P(x, y)} = \ln \frac{1}{P(x)} + \ln \frac{1}{P(y)} = s(x) + s(y) \tag{A.3}$$

となり，たしかに加法性を満たす．このよう定義された式 (A.2) を，すべての x について平均すると，シャノン情報量の定義 (A.1) が得られる：

$$\sum_x P(x)s(x) = \sum_x P(x) \ln \frac{1}{P(x)} = S(X). \tag{A.4}$$

なお，この平均操作において，$-P(x) \ln P(x)$ は $P(x) \to 0$ のときに 0 になってしまうことに注意しよう．$P(x)$ が 0 に近いような事象 x の自己情報量 $-\ln P(x)$ は大きな値をとるのだが，平均をとると 0 に近づいてしまうのだ．これは，「稀

[1] しばしば使われる例として，「犬が人間を噛んでもニュースにならないが，人間が犬を噛むとニュースになる」というものがある．人間が犬を噛む方が稀なので，ニュースバリューが大きいというわけだ．実際，乱闘で人間が犬を噛んだというのがニュースになっているのを著者は見たことがある．

な事象のもつ情報量は大きい」と「稀な事象は平均への寄与が小さい」という効果のうち，後者が勝るからである．特に，生じない事象（すなわち $P(x)$ が厳密に 0 の事象）のシャノン情報量への寄与は 0 である．

簡単な例として，x が "0" と "1" の 2 つの値しかとらない場合を考えよう．これは単一の「ビット」を表しており，バイナリとも呼ばれる．$p := P(0)$, $1-p = P(1)$ とすると，シャノン情報量は

$$S(X) = -p \ln p - (1-p)\ln(1-p) \tag{A.5}$$

となる．この右辺を p の関数とみて $H(p)$ と書く．$p=0$ と $p=1$ のとき，$H(p)$ は最小値 0 をとる．一方で，$p=1/2$ のとき最大値 $\ln 2$ をとることがわかる．

一般に x のとりうる場合の数を N とすると，シャノン情報量は

$$0 \le S(X) \le \ln N \tag{A.6}$$

という不等式を満たす．上記のバイナリの例はこの特別な場合になっている．

式 (A.6) の左の不等式が成立するのは，任意の $0 \le P(x) \le 1$ について $-P(x)\ln P(x) \ge 0$ が成り立つことからわかる．等号が成立するのは，ある x について $P(x)=1$ で，それ以外の x については $P(x)=0$ の場合である．すなわち，特定の事象 x しか現れないので，これは「決定論的」な状況を表している．このような場合に情報量がゼロであるのは，たとえば「はずれ」しかない（「あたり」が存在しない）くじ引きを引いて「はずれ」が出ても何の情報もないことから納得できるだろう．

次に，式 (A.6) の右の不等式が成立することは，ラグランジュの未定乗数法を用いて示すことができる．すなわち，拘束条件 $\sum_x P(x) = 1$ と未定乗数 λ を用いて，$-\sum_x P(x)\ln P(x) - \lambda\left(\sum_x P(x) - 1\right)$ を考えればよい．また，A.3 節で述べるように，KL 情報量を使えばより簡潔に証明することもできる．等号が成立するのは一様分布の場合，すなわちすべての x について $P(x) = 1/N$ となる場合である．これはもっともランダムな場合と言える．すなわち，どの事象が現れるかがまったくわからなければ，実際に事象を観測したときに得られる情報量がもっとも大きいことになる．この意味でも，シャノン情報量はラン

ダムネスの尺度であると言える．

x が連続変数の場合に簡単に触れておこう．確率密度を $P(x)$ とすると，x から $x+dx$ の間にある確率は $P(x)dx$ である．仮に $S(X) :\stackrel{?}{=} \int dxP(x)\ln[dxP(x)]$ とすると，これは $\ln(dx)$ という発散項を含む．これは連続変数のもつランダムネスは本来無限大であることを示唆している．そこで，発散を含まないように改めて

$$S(X) := -\int dxP(x)\ln P(x) \tag{A.7}$$

と定義する．この定義は多くの場面で役に立つが，$\ln(dx)$ を除いたことの反映として，変数変換に対して不変ではない．すなわち，$P(x)dx = P(x')dx'$ を満たすように（確率を変えないように）変数を x から x' へと変換すると，

$$-\int dx'P(x')\ln P(x') = -\int dxP(x)\ln P(x) + \int dxP(x)\ln\left|\frac{dx}{dx'}\right| \tag{A.8}$$

となり，右辺第 2 項のような補正項がつく．ここで $|dx/dx'|$ は変数変換のヤコビアンである．

A.2　相互情報量

次に，確率変数 X に加えて，別の確率変数 Y がある場合を考えよう．これらは独立とは限らない．たとえば，本文で述べたように，X が熱力学系の状態を表し，Y がその観測結果を表す，という状況が考えられる．あるいは，情報通信の文脈だと，X が送り手のメッセージ，Y がそれを受け取ったときのメッセージであると考えられる．なお，これらの例において測定や通信には誤差やノイズがありうるので，X と Y が一致するとは限らない．

A.2.1　条件つきシャノン情報量

Y のとりうる値を y とすると，X と Y の同時確率分布は $P(x,y)$ のように表すことができる．個々の確率分布（周辺分布と呼ばれる）は

$$P(x) = \sum_y P(x,y), \quad P(y) = \sum_x P(x,y) \tag{A.9}$$

のように与えられる[2]．同時確率分布のシャノン情報量は，

$$S(X,Y) := -\sum_{x,y} P(x,y) \ln P(x,y) \tag{A.10}$$

である．もし X と Y が独立であれば，$P(x,y) = P(x)P(y)$ が成り立つので，加法性 $S(X,Y) = S(X) + S(Y)$ が成り立つ．しかしこれは独立な場合のみであり，一般には加法性は成り立たない．そして加法性の破れによって X と Y の相関を特徴づけるのが，後で導入する相互情報量である．

さて，Y の値が y であるという条件のもとで，X の値が x となる条件つき確率は

$$P(x|y) = \frac{P(x,y)}{P(y)} \tag{A.11}$$

で与えられる．これは任意の y について $\sum_x P(x|y) = 1$ を満たす．なお，もし X と Y が独立であれば，$P(x|y) = P(x)$ となり，y 依存性がなくなる．X の方で条件づける場合も同様で，$P(y|x) = P(x,y)/P(x)$ である．これらの関係式を書き換えると，

$$P(x,y) = P(x|y)P(y) = P(y|x)P(x) \tag{A.12}$$

となる．

4.1 節で議論したような測定の文脈，すなわち X が物理系の状態，Y がそれに対する測定結果を表しているような状況では，$P(y|x)$ は測定誤差を特徴づけている．測定に誤差がなく，常に $x = y$ となる場合は，$P(y|x) = \delta_{xy}$ となる．通信の文脈では，$P(y|x)$ が X から Y への「通信路」を特徴づけている．

これをふまえて，条件つきシャノン情報量を定義しよう．Y の値が y であるという条件のもとでの，X の条件つきシャノン情報量は，

$$S(X|y) := -\sum_{x} P(x|y) \ln P(x|y) \tag{A.13}$$

と定義される．明らかに $S(X|y) \geq 0$ である．これをさらに y について平均す

[2] ここで，$P(x)$ と $P(y)$ は確率分布として異なるものであり，厳密には $P_X(x)$，$P_Y(y)$ のように分布自体を区別して書くべきである．しかしここでは記号の簡単のため，引数 x，y が異なればそれに対応して $P(x)$，$P(y)$ も異なる確率分布を表すものとした．このような略記法は情報理論ではよく用いられる．

ると,

$$S(X|Y) := \sum_y P(y)S(X|y) = -\sum_{x,y} P(x,y)\ln P(x|y) \tag{A.14}$$

が得られる. $S(X|y) \geq 0$ より, $S(X|Y) \geq 0$ である. また, 式 (A.11) に注意すると

$$S(X|Y) = S(X,Y) - S(Y) \tag{A.15}$$

が成り立つことがわかる. X の条件のもとでの Y のシャノン情報量も同様で,

$$S(Y|X) = S(X,Y) - S(X) \tag{A.16}$$

である.

A.2.2 相互情報量

さて, いよいよ相互情報量を定義しよう. 確率変数 X と Y の間の相互情報量 $I(X:Y)$ は

$$I(X:Y) := S(X) + S(Y) - S(X,Y) \tag{A.17}$$

と定義される. これはシャノン情報量の加法性の破れを表しており, X と Y の間の相関(あるいは X と Y が共有している情報量)を定量化しているとみなせる. 確率分布を用いて書くと

$$I(X:Y) := \sum_{x,y} P(x,y)\ln\frac{P(x,y)}{P(x)P(y)} \tag{A.18}$$

となる. 式 (A.15) と (A.16) を用いると, 条件つきシャノン情報量を用いて

$$I(X:Y) = S(X) - S(X|Y) = S(Y) - S(Y|X) \tag{A.19}$$

と書ける. すなわち, X と Y の相互情報量は, Y についての情報を得る(Y について条件づけを行う)ことで, X のシャノン情報量がどれだけ減少したかを表している.

以上のようなシャノン情報量と相互情報量の関係をベン図で示すと図 A.1 の

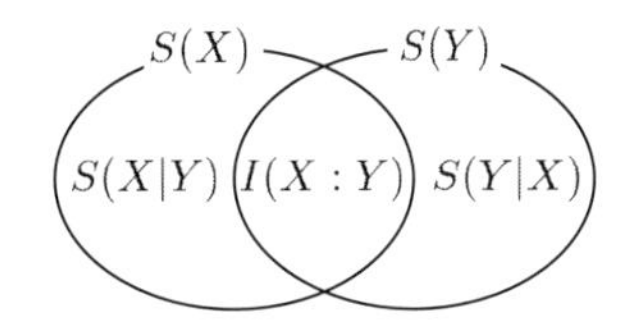

図 **A.1** 情報量の相互関係を示すベン図．2 つの円の全体が $S(X,Y)$ を表す．

ようになる．相互情報量は 2 つの円の共通部分であり，相関を表していることが視覚的に理解できる．

相互情報量の基本的な性質を見てみよう．まず，相互情報量は非負である：

$$I(X:Y) \geq 0. \tag{A.20}$$

証明は容易だが，A.3 節で KL 情報量を用いて行う．等号成立条件は $P(x,y) = P(x)P(y)$ である（これは式 (A.18) から直接わかる）．すなわち，X と Y が独立であれば，両者は情報をまったく共有しておらず，相互情報量は 0 になる．測定の文脈は，測定結果が誤差に埋もれてしまうような場合に相当する．

相互情報量の非負性 (A.20) は，式 (A.17) を用いると

$$S(X) + S(Y) \geq S(X,Y) \tag{A.21}$$

と書き換えることができる．これはシャノン情報量の劣加法性と呼ばれる．等号成立は X と Y が独立な場合である [3)]．

また，式 (A.19) を用いると，

$$S(X) \geq S(X|Y), \quad S(Y) \geq S(Y|X) \tag{A.22}$$

となる．これは，条件づけをするとシャノン情報量が減少する（あるいは変化しない）ことを意味しており，条件づけによってランダムネスは減少する（あるいは変化しない）という直観と整合している．

---

3) マクロ系の平衡統計力学におけるエントロピーは加法的である．これは，長距離相互作用がないマクロ系のカノニカル分布においては，個々の系のエントロピーは体積に比例するのに対して，それらの間の相互情報量は表面積に比例するからである．熱力学極限においては後者は無視できる．

また，式 (A.19) と $S(X|Y) \geq 0$，$S(Y|X) \geq 0$ を用いると，

$$I(X:Y) \leq S(X), \quad I(X:Y) \leq S(Y) \tag{A.23}$$

が得られる．これは，X と Y が共有している情報量は，それぞれの情報量以下であることを意味しており，ベン図（図 A.1）の表示とも整合的である．等号成立条件として，$I(X:Y) = S(X)$ の場合を考えよう．これは $S(X|Y) = 0$ を意味しており，「任意の y に対して，ある x があって $P(x|y) = 1$ となる」ことと等価である．すなわち，Y を知っていれば必ず X のことがわかるという状況であり，ベン図（図 A.1）で言えば $S(X)$ の円が $S(Y)$ の円に完全に包含されている状況である．測定の文脈では，測定結果 Y が物理系 X についての情報を完全に反映している（測定誤差がない）状況で，通信の文脈では，X についての情報が完全に Y に伝わった状況である．

具体例として，二値対称通信路 (binary symmetric channel) を考えよう．X と Y はいずれもバイナリであるとして，$x = 0, 1$ および $y = 0, 1$ の値をとるものとする．x という条件のもとでの y の確率 $P(y|x)$ を，$0 \leq \varepsilon \leq 1$ として

$$P(0|0) = 1 - \varepsilon, \ P(1|0) = \varepsilon, \ P(0|1) = \varepsilon, \ P(1|1) = 1 - \varepsilon \tag{A.24}$$

とする．すなわち ε は「誤り確率」であり，x が 0 であっても確率 ε で y が 1 になる（あるいはその逆）という状況を表している（図 A.2(a)）．測定の文脈では，ε は測定誤差を特徴づけていると言える．簡単のために，X は一様分布であり $P(0) = P(1) = 1/2$ としよう．このときは Y についても $P(0) = P(1) = 1/2$ となる．このとき，相互情報量を定義に従って計算すると，

$$I(X:Y) = \ln 2 + \varepsilon \ln \varepsilon + (1 - \varepsilon) \ln(1 - \varepsilon) \ \ (= \ln 2 - H(\varepsilon)) \tag{A.25}$$

となる．これを ε の関数として図示すると図 A.2(b) のようになる．$\varepsilon = 0$ のときは誤差がなく $x = y$ であるため，相互情報量は最大値 $\ln 2$ をとる．$\varepsilon = 1$ のときも，x の 0 と 1 を反転させれば y になるため，y は x についての完全な情報をもっていると考えることができ，実際このときも相互情報量は最大値 $\ln 2$ をとる．一方で $\varepsilon = 1/2$ のときは，x が反転するかしないかが半々ずつになる

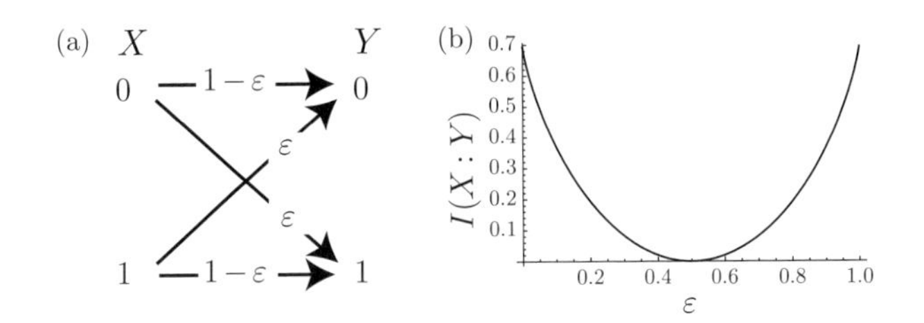

図 A.2 (a) 二値対称通信路の模式図. (b) 二値対称通信路における相互情報量.

ので, y から x を推定することがまったく不可能になり, 相互情報量は最小値 0 をとる [4].

最後に, 連続変数の場合を考えよう. (x, y) の確率密度を $P(x, y)$ とすると,

$$I(X:Y) := \int dxdy P(x,y) \ln \frac{P(x,y)}{P(x)P(y)} \tag{A.26}$$

と定義できる. ここで右辺の対数の中身は $[P(x,y)dxdy]/[P(x)dxP(y)dy]$ から $dxdy$ を約分したものとみなせるので, $I(X:Y)$ は連続変数の場合でも変数変換に対して不変である.

連続変数の具体例として, ガウス分布の場合を考えよう. x の確率密度を

$$P(x) = \frac{1}{\sqrt{2\pi S}} \exp\left(-\frac{x^2}{2S}\right) \tag{A.27}$$

とする. ここで, 分散 $S > 0$ はしばしばシグナル強度と呼ばれる (x を入力信号, すなわちシグナルとみなす). 次に X についての測定を行い結果 Y が得られた (あるいは X から Y への情報通信が行われた) として, その条件つき確率密度もガウス分布で与えられるとする:

$$P(y|x) = \frac{1}{\sqrt{2\pi N}} \exp\left(-\frac{(y-x)^2}{2N}\right). \tag{A.28}$$

これはしばしばガウス型通信路と呼ばれ, $N > 0$ はノイズ強度と呼ばれる. このとき, 出力 y の確率密度は

---

[4] たとえて言えば, 常に本当のことを言う人からも, 常に嘘しか言わない人からも, 正確な情報を得ることができる. しかし本当と嘘を半分ずつランダムに織り交ぜてくる人からは, まったく情報を得ることができない.

$$P(y) = \int P(y|x)P(x)dx = \frac{1}{\sqrt{2\pi(S+N)}} \exp\left(-\frac{y^2}{2(S+N)}\right) \quad (A.29)$$

となる．すなわち，シグナル強度にノイズ強度が加わった $S+N$ が出力の分散となる．S/N はしばしば S/N 比（singal-to-noise ratio）と呼ばれ，この測定（あるいは通信）の正確さを特徴づけている．以上の設定のもとで，相互情報量を定義に従って計算すると，

$$I(X:Y) = \frac{1}{2}\ln\left(1+\frac{S}{N}\right) \quad (A.30)$$

となる．これはガウス分布の場合は $I(X:Y)$ が S/N 比だけで決まることを意味しており，相互情報量の直観的な意味づけを与えている．特に $S/N \to 0$ の極限で $I(X:Y) \to 0$ となるが，これはシグナルがノイズに埋もれてしまう場合は伝わる情報量がゼロになることを意味している．なお，一般に分布が非ガウスであれば，相互情報量は高次のキュムラントの情報を含み，S/N 比よりも詳細に相関を特徴づけていることに注意しよう．

A.3　カルバック・ライブラー (KL) 情報量

カルバック・ライブラー (KullbackLeibler, KL) 情報量はシャノン情報量や相互情報量の性質を統一的に理解するうえで重要な概念であり，熱力学とも密接に結びついている．KL 情報量は情報理論の分野では KL ダイバージェンス (Kullback-Leibler divergence) と呼ばれることが多いが，物理ではしばしば相対エントロピー (relative entropy) と呼ばれる．

A.3.1　定義と基本性質

同じ確率変数 X の上の 2 つの確率分布 $P_1(x)$ と $P_2(x)$ を考える．両者がどれだけ異なるかを特徴づけるのが KL 情報量であり，

$$S(P_1\|P_2) := \sum_x P_1(x)\ln\frac{P_1(x)}{P_2(x)} \quad (A.31)$$

と定義される．これが非負であることを示そう．まず，$t>0$ に対して $\ln(t^{-1}) \geq$

$1-t$ が成り立つ（等号成立は $t=1$ のときに限る）．$t=P_2(x)/P_1(x)$ としてこれを用いると，$\sum_x P_1(x)\ln[P_1(x)/P_2(x)] \geq \sum_x P_1(x)(1-P_2(x)/P_1(x)) = \sum_x (P_1(x)-P_2(x)) = 0$ となる．すなわち，

$$S(P_1\|P_2) \geq 0 \tag{A.32}$$

が示された．等号成立は $P_1(x)=P_2(x)$ がすべての x について成り立つ場合である．このことが示唆しているように，KL 情報量 $S(P_1\|P_2)$ は 2 つの確率分布の間の一種の「距離」を特徴づけているとみなすことができる [5)]．

KL 情報量とシャノン情報量の関係を考えよう．P_2 を一様分布とする．すなわち，x のとりうる場合の数を N として，すべての x について $P_2(x)=1/N$ とする．これを代入すると，

$$S(P_1\|P_2) = \ln N - S(P_1) \tag{A.33}$$

が成り立つ．ここで $S(P_1) := -\sum_x P_1(x)\ln P_1(x)$ はシャノン情報量である．式 (A.33) と非負性 (A.32) を合わせると $S(P_1) \leq \ln N$，すなわち A.1 節の式 (A.6) の右の不等式が証明された．

次に相互情報量との関係を考える．P_1 と P_2 をともに確率変数 X と Y の同時確率分布として，$P_1(x,y)=P(x,y)$，$P_2(x,y)=P(x)P(y)$ とする（$P(x)$，$P(y)$ は $P(x,y)$ の周辺分布）．このとき，同時分布 $P(x,y)$ についての相互情報量 $I(X:Y)$ は，KL 情報量を用いて $I(X:Y)=S(P_1\|P_2)$ と書ける（式 (A.18) を参照）．したがって，KL 情報量の非負性 (A.32) から，相互情報量の非負性 (A.20) が示される．

なお，P_1 と P_2 が非常に近く，$\Delta P := P_1 - P_2$ が $\varepsilon \ll 1$ のオーダーのとき，

$$S(P_1\|P_2) = \frac{1}{2}\sum_x \frac{\Delta P(x)^2}{P_1(x)} + O(\varepsilon^3) \tag{A.34}$$

が成り立つ．右辺の展開が ε^2 のオーダーから始まっていることが重要である．右辺第 1 項は，A.4 節で述べるフィッシャー情報量に関連している．

---

5) ただしこれは P_1 と P_2 について非対称なので，数学の意味での「距離」の公理を満たしていない．

KL 情報量と熱力学の関係についても触れておこう．P_2 としてカノニカル分布 $P_{\rm can}(x)=e^{\beta(F_{\rm eq}-E_x)}$ を採用する（2.1 節の式 (2.5) を参照）．P_1 を一般の分布 $P(x)$ とすると，KL 情報量は

$$S(P\|P_{\rm can})=\beta(E-F_{\rm eq})-S(P)=\beta(F-F_{\rm eq}) \tag{A.35}$$

となる．ここで $E:=\sum_x P(x)E_x$ は平均エネルギー，$F:=E-\beta^{-1}S(P)$ は式 (2.30) で導入した非平衡自由エネルギーである．KL 情報量は非負であるため，ここから，ただちに $F\geq F_{\rm eq}$ が得られる（すなわち，式 (2.32) が証明された）．等号成立は $P=P_{\rm can}$ のときに限る．ここで平均エネルギー E を固定すると，これはさらに $S(P)\leq S(P_{\rm can})$ と書き換えることができる．これで，2.2 節で述べた「平均エネルギー E を固定したら，シャノン・エントロピーが最大になる分布はカノニカル分布である」という命題が証明された．

A.3.2　KL 情報量の単調性

KL 情報量のもっとも重要な性質の 1 つは，単調性と呼ばれるものである．これは，確率的な時間発展（確率分布の変換）によって，KL 情報量は非増加であるという性質である．直観的には，時間発展で 2 つの分布はより区別しにくくなっていくことを意味している．

まず，確率分布の別の確率分布への変換は，確率遷移行列 $T(x'|x)$ によって与えられる．$T(x'|x)$ は x という条件のもとで x' になる確率であり，$\sum_{x'}T(x'|x)=1$ を満たす．確率分布は

$$P'(x')=\sum_x T(x'|x)P(x) \tag{A.36}$$

のように変換される．これを $P'=TP$ と書くことにしよう [6)]．2 つの確率分布が共通の確率遷移行列で $P_1'=TP_1$，$P_2'=TP_2$ と変換されるとしよう．このとき，KL 情報量の単調性は

$$S(P_1\|P_2)\geq S(P_1'\|P_2') \tag{A.37}$$

[6)] P と P' を縦ベクトル，T を行列と思えばよい．

である.

証明は以下のとおりである. $P_i(x',x) := T(x'|x)P_i(x)$ $(i=1,2)$ という結合確率分布を考えよう. これを用いると

$$\begin{aligned} S(P_1\|P_2) &= \sum_{x,x'} P_1(x',x)\ln\frac{P_1(x)}{P_2(x)} = \sum_{x,x'} P_1(x',x)\ln\frac{P_1(x',x)}{P_2(x',x)} \\ &= S(P_1'\|P_2') + \sum_{x,x'} P_1(x',x)\ln\frac{P_1(x|x')}{P_2(x|x')} \end{aligned} \tag{A.38}$$

となる. ここで $P_i(x|x') := P_i(x',x)/P_i'(x')$ とおいた. 2 行目の第 2 項は

$$\sum_{x,x'} P_1(x',x)\ln\frac{P_1(x|x')}{P_2(x|x')} = \sum_{x'} P_1'(x')S(P_{1,x'}\|P_{2,x'}) \geq 0 \tag{A.39}$$

となる. ここで $S(P_{1,x'}\|P_{2,x'}) := \sum_x P_1(x|x')\ln[P_1(x|x')/P_2(x|x')]$ は, 条件つき分布の間の KL 情報量であり, したがって非負である. 以上より式 (A.37) が証明された.

特に, T によって P_2 が変化せず, $P_2 = TP_2$ である場合は,

$$S(P_1\|P_2) \geq S(P_1'\|P_2) \tag{A.40}$$

が成り立つ. 後述のように, これは熱力学第二法則と密接な関係がある. 特に P_2 が一様分布であり, すべての x に対して $P(x) = 1/N$ であるとき, 式 (A.33) の関係を用いると, 式 (A.40) は

$$S(P_1) \leq S(P_1') \tag{A.41}$$

となる. すなわち, 一様分布を変化させない変換によって, シャノン・エントロピーは非減少であることがわかる.

KL 情報量の単調性と熱力学第二法則の関係を考えよう. x のエネルギー準位を E_x として, カノニカル分布を $P_{\rm can}(x) = e^{\beta(F_{\rm eq}-E_x)}$ とする. 逆温度 β の熱浴のもとでのダイナミクスを T が表しているとすると, カノニカル分布を変化させない, すなわち $P_{\rm can} = TP_{\rm can}$ であると考えられる (このようなとき, T はしばしばギブス保存写像であると言われる [7]). このとき式 (A.40) は

[7] カノニカル分布はギブス分布とも呼ばれる.

$$S(P_1\|P_2)-S(P_1'\|P_2)=S(P_1')-S(P_1)-\beta\sum_x(P_1'(x)-P_1(x))E_x\geq 0 \quad \text{(A.42)}$$

となる．ここで中辺のエネルギーを含む項は，式 (2.13) と見比べると，システムの吸熱に他ならない，すなわち $Q:=\sum_x(P_1'(x)-P_1(x))E_x$．したがって，式 (A.42) の中辺はエントロピー生成 $\sigma:=\Delta S-\beta Q$ であり，右の不等式はクラウジウスの不等式 (2.25) に他ならない．このように，緩和過程（エネルギー準位が変化せず，仕事はしない過程）における熱力学第二法則は，KL 情報量の単調性から直接的に導くことができる．これの意味するところは，第二法則は非平衡分布がカノニカル分布に近づいていくことを表している，ということであろう．なお仕事がある場合についても，単調性に基づいて第二法則を示すことができる（式 (3.102) を参照）．

なお，P_1' がカノニカル分布であり，P_1 とカノニカル分布のズレが微小である（ε のオーダーとする）ような場合には，式 (A.34) より $\sigma=S(P_1\|P_{\mathrm{can}})=O(\varepsilon^2)$ となる．これは 2.5 節の最後で議論した命題である．

いろいろなエントロピー，そして熱力学リソース理論

以上の議論は，情報理論のごく一端に過ぎない．情報理論の世界ではより多彩な情報量が知られており，それらは興味深い性質をもつ．たとえば KL 情報量の一般化として，レニー (Rényi)・ダイバージェンスや f-ダイバージェンスといった概念が知られている．これらは確率遷移行列のもとでの単調性などの基本的な性質を満たす．なお，一般にダイバージェンスとは，KL 情報量のように確率分布の間の（非対称な）距離を特徴づける概念である．

これらの情報量の量子版を考えることもできる．量子系においては，確率分布に対応するのは密度演算子である．たとえばシャノン・エントロピーの量子版はフォンノイマン (von Neumann)・エントロピーである．2.4 節で議論した熱力学第二法則 (2.25) の量子版は，S をフォンノイマン・エントロピーとすればそのまま成り立つ．対応するゆらぎの定理も，確率的なフォンノイマン・エントロピーに対して成り立つ．さらに量子版の KL 情報量も考えることができる．これも量子的なダイナミクス（CPTP 写像と

呼ばれる）に対して単調性を満たすが，密度演算子の非可換性により，その証明は古典の式 (A.37) に比べて比較にならないほど難解になる．量子レニー・ダイバージェンスについても同様である．裏を返せば，量子系にはそれだけ豊かな数学的構造があると言える．実際，エントロピーやダイバージェンスの理論は，行列解析 (matrix analysis) と呼ばれる数学の分野 [33] と密接に関係している．

レニー・ダイバージェンスなどの一般的なダイバージェンスやエントロピーや，行列解析におけるマジョライゼーション (majorization) と呼ばれる概念も，熱力学と密接にかかわっている．これは熱力学リソース理論 (resource theory of thermodynamics) と呼ばれる一大分野に発展し，2010 年代半ばあたりから，量子系と古典系の両方で盛んに研究されている．熱力学リソース理論はゆらぎの熱力学と共通する部分もあるが，異なる考え方をする部分も多く，熱力学への相補的なアプローチと言える．熱力学リソース理論はより（量子）情報理論に近く，数学的に興味深い色々な考え方が導入されている．興味のある読者は，拙著 [32] をご覧いただけると幸いである．

A.4 フィッシャー情報量

少し毛色の違う「情報量」として，フィッシャー情報量を考えよう．これはパラメータ推定において有用な概念であり，情報幾何 (information geometry) [124] との関係も注目されている．

実数 θ でパラメータづけられた確率分布 $P_\theta(x)$ を考える [8)]．このパラメータ θ が未知であるとして，x を測定する（x の値を知る）ことから θ を推定するという問題を考えよう．その推定精度を特徴づけるのがフィッシャー情報量であり，

8) 簡単のためパラメータは 1 変数とするが，多変数への拡張は直接的にできる（たとえば文献 [34] を参照）．また，以下ではすべての x について $P_\theta(x) > 0$ と仮定し，θ のとりうる値の範囲は開集合であるとする．

$$f_\theta := \sum_x \frac{(\partial_\theta P(x))^2}{P_\theta(x)} = -\sum_x P_\theta(x)\partial_\theta^2[\ln P_\theta(x)] \tag{A.43}$$

と定義される．ここでパラメータづけは十分なめらかであるとして，$\partial_\theta := \partial/\partial\theta$ とおいた．なお，右の等号を得るのに，すべての θ に対して規格化条件 $\sum_x P_\theta(x) = 1$ が満たされているので $\sum_x \partial_\theta P_\theta(x) = 0$ が成り立つことを用いた．

フィッシャー情報量と推定精度の基本的な関係は，クラメール・ラオ（Cramer-Rao）不等式によって与えられる．まずはその一般的な形を述べよう．任意の確率変数 A_x に対して，$P_\theta(x)$ でのアンサンブル平均を $\langle A\rangle_\theta := \sum_x A_x P_\theta(x)$，分散を $\langle\Delta A^2\rangle_\theta := \langle A^2\rangle_\theta - \langle A\rangle_\theta^2$ と書く．このとき，

$$\langle\Delta A^2\rangle_\theta f_\theta \geq (\partial_\theta\langle A\rangle_\theta)^2 \tag{A.44}$$

が成り立つ．なお，これは 3.6 節で熱力学不確定性関係の証明に用いられる．

一般化クラメール・ラオ不等式 (A.44) を導こう．まず $Z_{\theta,x} := \partial_\theta[\ln P_\theta(x)]$ とおくと，$\langle Z_\theta\rangle_\theta = 0$ なので，$\langle\Delta Z_\theta^2\rangle_\theta = \langle Z_\theta^2\rangle_\theta$ が成り立つ．これとコーシー・シュワルツの不等式を用いると $\langle\Delta A^2\rangle_\theta\langle Z_\theta^2\rangle_\theta \geq (\langle\Delta A Z_\theta\rangle_\theta)^2$ が成り立つ．ここで定義より $\langle Z_\theta^2\rangle_\theta = f_\theta$，また $\langle\Delta A Z_\theta\rangle_\theta = \sum_x A_x\partial_\theta P_\theta(x) - \langle A\rangle_\theta\langle Z_\theta\rangle_\theta = \partial_\theta\langle A\rangle_\theta$ が成り立つ．以上より式 (A.44) が示された．

さて，θ の推定の話に戻ろう．$\langle A\rangle_\theta = \theta$ がすべての θ に対して成り立つとき，A_x は θ の不偏推定量 (unbiased estimator) であると言う．これの意味するところは，A_x を測定してその期待値を知れば，それがそのまま未知パラメータ θ の値になっているということである．このような場合，式 (A.44) の右辺は 1 になるので，

$$\langle\Delta A^2\rangle_\theta f_\theta \geq 1 \tag{A.45}$$

が得られる．これが狭義のクラメール・ラオ不等式である．ここで不偏推定量の分散 $\langle\Delta A^2\rangle_\theta$ は，推定精度を特徴づけているとみなせる（これが小さいほど推定精度が良い）．したがって式 (A.45) の意味するところは，不偏推定の精度の限界がフィッシャー情報量の逆数 f_θ^{-1} で与えられるということである．

この意味をもう少し考えるために，KL 情報量についての式 (A.34) に立ち戻ろう．$P_1 = P_\theta$，$P_2 = P_{\theta-\Delta\theta}$ としたとき，右辺第 1 項はフィッシャー情報量に

比例して $f_\theta \Delta\theta^2/2$ となる．KL 情報量は 2 つの分布の「距離」を表していたから，フィッシャー情報量は微小に離れた分布の間の距離ということができる．θ を微小に動かしたときに変化する分布の距離が大きいほど，θ の推定は容易にできると考えられるので，これはフィッシャー情報量の逆数が推定精度となることと整合している．

なお，KL 情報量は 2 つの分布について非対称な「距離」であったが，その微小展開である $f_\theta \Delta\theta^2/2$ は対称な距離になっていることに注意しよう．一般に，曲がった空間において微小に離れた 2 点の間の距離は計量 (metric) によって特徴づけられる．上記の事実は，f_θ をパラメータ空間の計量とみなせることを示唆している．これが情報幾何の考え方の基礎になるものであり，近年ではゆらぎの熱力学との関係も見出されている [125]．

最後に，パラメータづけの具体例として指数型分布族 (exponential family) について述べておく．確率分布 $P(x)$ と物理量 A_x，規格化因子 $g(\theta)$ を用いて

$$P_\theta(x) := P(x)e^{\theta A_x - g(\theta)} \tag{A.46}$$

と書けるとき，$P_\theta(x)$ を指数型分布族という．式 (A.46) の両辺を θ で微分して x についての和をとることにより，

$$\partial_\theta g(\theta) = \langle A \rangle_\theta, \quad \partial_\theta^2 g(\theta) = \langle \Delta A^2 \rangle_\theta = f_\theta \tag{A.47}$$

が容易に確かめられる．これは一般化クラメール・ラオ不等式 (A.44) の等号を達成している．

熱力学の観点からは，$P_\theta(x)$ は A_x をエネルギー，$-\theta$ を逆温度とするカノニカル分布に他ならず，$\theta^{-1}g(\theta)$ が平衡自由エネルギーである．f_θ はエネルギーの分散を与える．この対応関係のもとで，比熱は $C := \theta^2 \partial_\theta \langle A \rangle_\theta$ で与えられるので，式 (A.44) の等号は $C = \theta^2 \langle \Delta A^2 \rangle_\theta$ と書き換えられる．これは平衡統計力学でよく知られた，比熱とエネルギーの分散の比例関係を表す式である．

A.5 モーメントとキュムラント

最後に補足的に，モーメントとキュムラントについて簡単にまとめておこう．

確率分布 $P(x)$ と，任意の確率変数 A_x（$\hat{A}$ とも書く）を考える．この分布 $P(x)$ についての期待値を，$\langle \hat{A} \rangle := \sum_x A_x P(x)$ のように表すことにする．

$n = 0, 1, 2, \cdots$ に対して，$\hat{A}$ の n 次のモーメントは，$\langle \hat{A}^n \rangle = \sum_x (A_x)^n P(x)$ と定義される（x が連続変数のときは右辺は積分となる）．$n = 1$ のときは単なる期待値である．対応するモーメント生成関数は，χ を実変数として

$$M(\chi) := \langle e^{-\chi \hat{A}} \rangle := \sum_x e^{-\chi A_x} P(x) = \sum_{n=0}^{\infty} \frac{\langle \hat{A}^n \rangle}{n!} (-\chi)^n \tag{A.48}$$

と定義される[9]．ここで最右辺は

$$\langle \hat{A}^n \rangle = (-1)^n \frac{\partial^n \langle e^{-\chi \hat{A}} \rangle}{\partial \chi^n} \bigg|_{\chi=0} = (-1)^n \frac{d^n M(\chi)}{d\chi^n} \bigg|_{\chi=0} \tag{A.49}$$

からわかる．

また，$\hat{A}$ のキュムラント生成関数は，モーメント生成関数の対数として，

$$\Phi(\chi) := -\ln M(\chi) = -\sum_{n=1}^{\infty} \frac{\kappa_n}{n!} (-\chi)^n \tag{A.50}$$

と定義される．ここで，κ_n は $\hat{A}$ の n 次のキュムラントであり，式 (A.50) の最右辺の展開係数として定義されている．すなわち

$$\kappa_n := (-1)^{n-1} \frac{d^n \Phi(\chi)}{d\chi^n} \bigg|_{\chi=0} \tag{A.51}$$

である．たとえば $\kappa_1 = \langle \hat{A} \rangle$，$\kappa_2 = \langle \hat{A}^2 \rangle - \langle \hat{A} \rangle^2$ であり，特に 2 次のキュムラントは分散に他ならない．なお $\hat{A}$ の分布がガウス分布の場合は，$\Phi(\chi)$ は χ の 2 次関数となり，3 次以上のキュムラントは 0 になる（これが，式 (3.19) の等号がガウス分布のときに厳密になる理由である）．

---

[9] $M(\chi) := \langle e^{\chi \hat{A}} \rangle$，$\Phi(\chi) := \ln M(\chi)$ と定義する流儀の方が標準的かもしれないが，ここでは第 3 章の表記に合わせた．

付録 B ランジュバン系

ランジュバン方程式とは，水中にある微粒子のブラウン運動のようなランダムな運動を記述する，確率的な微分方程式である．この付録ではランジュバン系について，できるだけ自己完結的な解説を行う．特に実際の計算において重要な伊藤公式（Itô formula）やフォッカー・プランク（Fokker-Planck）方程式などの解説を行う．それを基にしてゆらぎの熱力学について議論し，非平衡定常熱力学や熱力学不確定性関係についても述べる．

B.1 伊藤公式とフォッカー・プランク方程式

B.1.1 ランジュバン方程式

温度 $T(=(k_{\mathrm{B}}\beta)^{-1})$ の熱浴中でブラウン運動する粒子を考えよう．簡単のため空間は 1 次元として，粒子の位置を x，運動量を p とする [1)]．質量を m，外力を $F(x;t)$，粘性係数を γ とすると，

$$\frac{dp(t)}{dt}=-\frac{\gamma}{m}p(t)+F(x(t),t)+g\xi(t),\quad \frac{dx(t)}{dt}=\frac{p(t)}{m} \tag{B.1}$$

がランジュバン方程式である．ここで定数 g は

$$g=\sqrt{2\gamma k_{\mathrm{B}}T} \tag{B.2}$$

と与えられる（この理由は後で述べる）．$\xi(t)$ は粒子にはたらくランダムな力（揺動力）である．物理的には，水中の微粒子が周囲の水分子から受ける力に相

1) これまでの記法では (x,p) を単に x と書いていた．

当する．これはホワイトノイズと呼ばれ（そう呼ばれる理由は B.1.2 項で述べる），確率的な量である．すなわち，式 (B.1) は確率的な力によって駆動される運動方程式であり，確率微分方程式と呼ばれる．

ホワイトノイズの期待値と時間相関は，$\langle\cdots\rangle$ でアンサンブル平均を表すことにすると，

$$\langle\xi(t)\rangle = 0, \quad \langle\xi(t)\xi(t')\rangle = \delta(t'-t) \tag{B.3}$$

で与えられる．期待値がゼロであるのは，ランダム力が等方的にはたらいていることを意味する．また相関時間が無限小なので，ある時刻における $\xi(t)$ は，それより前の時刻の $\xi(t')$ $(t'<t)$ とは独立である．これは $x(t)$ がマルコフ過程であることを意味する．さらに，$\xi(t)$ はガウス分布をしているとする．

以上の設定のもとで，(x,p) の確率分布 $P(x,p,t)$ の時間発展は，

$$\frac{\partial P(x,p,t)}{\partial t} = \left[-\frac{\partial}{\partial x}\frac{p}{m} - \frac{\partial}{\partial p}\left(-\frac{\gamma p}{m} + F(x,t)\right) + \frac{g^2}{2}\frac{\partial^2}{\partial p^2}\right]P(x,p,t) \tag{B.4}$$

という偏微分方程式で記述される [2]．これはフォッカー・プランク方程式（特にこの形のものはクラマース (Kramers) 方程式）と呼ばれる．後でより簡単な場合についてフォッカー・プランク方程式を導出する．

ここで特別な場合として，外力が時間依存しないポテンシャル $V(x)$ のみによって $F(x) = -dV(x)/dx$ と書けるとしよう．このとき，式 (B.4) の定常解は

$$P_{\mathrm{ss}}(x,p) = \frac{1}{Z}\exp\left(-\frac{2\gamma}{g^2}\left(\frac{p^2}{2m} + V(x)\right)\right) \tag{B.5}$$

で与えられる（Z は規格化因子）．これが温度 T のカノニカル分布であるためには，式 (B.2) が成り立っていないといけないことがわかる．式 (B.2) は，揺動力の大きさと摩擦係数 γ を関係づけているので，第二種揺動散逸定理と呼ばれる [3]．

水中のコロイド粒子など，粒子に対する摩擦 γ が大きな状況を考えると，運動量 p が緩和する時間スケールは x のそれに比べて十分に短い．そのため，式 (B.1) において運動量の時間微分を無視する，すなわち dp/dt の項を落とす近似

[2] 右辺の微分演算子はすべて右端の $P(x,p,t)$ まで作用することに注意．
[3] 電気回路の場合は，雑音と抵抗を関係づけるナイキスト (Nyquist) の定理である．

が妥当である [23]. そのときのランジュバン方程式は x のみの方程式になり

$$\gamma\frac{dx(t)}{dt} = F(x(t),t) + \sqrt{2\gamma k_{\mathrm{B}}T}\xi(t) \tag{B.6}$$

で与えられる. これはオーバーダンプな (overdamped) ランジュバン方程式と呼ばれる [4]. なお, 以下では適宜, 関数の引数を省略する.

B.1.2 ウィーナー・ヒンチンの定理

ここで, ランジュバン方程式をフーリエ変換した周波数領域での議論を簡単に述べておこう. ここを飛ばして伊藤公式の議論に進んでも差し支えない.

一般に定常的な (すなわち確率分布が時間に依存しない) 確率過程 $a(t)$ を考えよう. そのフーリエ変換を $\tilde{a}(\omega) := \int_{-\infty}^{\infty} a(t)e^{\mathrm{i}\omega t}dt$ と定義する. この周波数相関は $\langle\tilde{a}(\omega)\tilde{a}^*(\omega')\rangle = 2\pi I_a(\omega)\delta(\omega-\omega')$ という形で書け, ここで現れる係数 $I_a(\omega)$ をスペクトル強度と呼ぶ. 一方, 時間相関関数のフーリエ変換を $\tilde{C}_a(\omega) := \int_{-\infty}^{\infty}\langle a(t)a(0)\rangle e^{\mathrm{i}\omega t}dt$ とおく. このとき,

$$I_a(\omega) = \tilde{C}_a(\omega) \tag{B.7}$$

が成り立つ. これがウィーナー・ヒンチン (Wiener-Khintchine) の定理である. この証明は,

$$\langle\tilde{a}(\omega)\tilde{a}^*(\omega')\rangle = \int_{-\infty}^{\infty}\langle a(t+t')a(t)\rangle e^{\mathrm{i}\omega(t+t')}e^{-\mathrm{i}\omega' t}dtdt' \tag{B.8}$$

および $\int_{-\infty}^{\infty} e^{\mathrm{i}(\omega-\omega')t}dt = 2\pi\delta(\omega-\omega')$ からわかる.

ホワイトノイズ (B.3) の場合は, 時間相関がデルタ関数なので, $I_\xi(\omega) = \int_{-\infty}^{+\infty}\langle\xi(t)\xi(0)\rangle e^{\mathrm{i}\omega t}dt = 1$ となる. すなわちスペクトル強度が ω に依存せず, すべての周波数成分が一様に混ざっていることがわかる. これが「ホワイト」ノイズと呼ばれる所以である.

また, 式 (B.1) において $F=0$ の場合を考えよう [5]. 両辺をフーリエ変換

[4] 一方で, 式 (B.1) はアンダーダンプな (underdamped) ランジュバン方程式と呼ばれる.

[5] これはオルンシュタイン・ウーレンベック (Ornstein-Uhlenbeck) 過程と呼ばれる.

すると，$-\mathrm{i}\omega\tilde{p}(\omega) = -\gamma\tilde{p}(\omega)/m + g\tilde{\xi}(\omega)$ となる．これを $\tilde{p}(\omega)$ について解いて，ウィーナー・ヒンチンの定理を使うと

$$\tilde{C}_p(\omega) = \frac{2\gamma k_{\mathrm{B}}T}{\omega^2 + (\gamma/m)^2} \tag{B.9}$$

を得る．相関関数は ω についてローレンツ型になっている．これを逆フーリエ変換すると

$$\langle p(t)p(0)\rangle = \frac{1}{2\pi}\int_{-\infty}^{\infty} C_p(\omega)e^{-\mathrm{i}\omega t}d\omega = mk_{\mathrm{B}}Te^{-\gamma|t|/m} \tag{B.10}$$

となる [6]．相関時間が m/γ となり，ホワイトノイズよりも「なまされて」いることがわかる [7]．なお，式 (B.10) で $t=0$ とするとエネルギー等分配則になることに注意しよう．

B.1.3　伊藤公式

式 (B.6) を時間について離散化することを考えよう．$t=0$ から τ の時間幅を N 等分し，$\Delta t := \tau/N$ とする．また，時刻 $t_n := n\Delta t$ における物理量を $x_n := x(t_n)$，$F_n := F(x(t_n), t_n)$ のように書く．このとき，式 (B.6) は

$$\gamma\Delta x_n = F_n\Delta t + \sqrt{2\gamma k_{\mathrm{B}}T}\Delta W_n \tag{B.11}$$

と書ける．ここで $\Delta W_n := \xi(t_n)\Delta t$ はウィーナー増分 (Wiener increment) と呼ばれる．ΔW_n は期待値が 0，分散が Δt のガウス分布である．その確率分布を式で書くと

$$P(\Delta W_n) = \frac{1}{\sqrt{2\pi\Delta t}}\exp\left(-\frac{\Delta W_n^2}{2\Delta t}\right) \tag{B.12}$$

である．ここで $\langle(\Delta W_n/\Delta t)^2\rangle = \Delta t^{-1}$ であるが，これは $\langle\xi(t)\xi(t')\rangle = \delta(t-t')$ の $t=t'$ における発散 dt^{-1} と同じであることに注意しよう．また，$\xi(t)$ の時間相関が無限小であったことに対応して，ΔW_n と $\Delta W_{n'}$ は $n \neq n'$ のとき独立である．この離散化によって，デルタ関数を明示的に扱うことを避けられる．

---

[6] 最右辺を得るには複素積分を用いるのが標準的である．文献 [4,5] などを参照．
[7] オーバーダンプ極限は，$m/\gamma \to 0$ で $p(t)$ 自身がホワイトノイズになる極限とみなすこともできる．

以上のような意味で，式 (B.11) と (B.12) が，ランジュバン方程式 (B.6) と式 (B.3) の数学的に正確な表現であると言える．また，それだけでなく，計算機でモンテカルロ法によってランジュバン方程式をシミュレーションする際にも，式 (B.11) と (B.12) の離散化が基本になる．各時間ステップ Δt ごとに独立にガウス分布 (B.12) から ΔW_n をサンプルし，それを用いてオイラー法 (B.11) によって時間発展を求めることになる．

さてここで，ΔW_n の分散が Δt であることから，アンサンブル平均をとるという約束のもとでは ΔW_n^2 を Δt に置き換えてよい．さらに重要なのは，短時間極限においては，アンサンブル平均をとらずに，この置き換えができるという点である．Δt と ΔW_n の短時間極限を dt と $dW(t)$ と書こう．これらに対して，（後で時間積分をするという約束のもとでは）アンサンブル平均をとらなくても

$$dW(t)^2 = dt \tag{B.13}$$

が成り立つ [8)]．これを伊藤公式という．ここから，$dW(t)$ は $\sqrt{dt}$ のオーダーの量として扱うべきことがわかる．また，異なる時刻における $dW(t)$ が独立であることは，$dW(t)dW(t') = 0 \ (t \neq t')$ と表すことができる．以上の極限で式 (B.11) を書き直しておこう：

---

8) これは数学的な正当化がされている [25]．すなわち連続関数 $A(x,t)$ に対して，

$$\lim_{N\to\infty} \sum_{n=0}^{N-1} A(x_n, t_n)\Delta W_n^2 = \int_0^\tau A(x(t), t)dt \tag{B.14}$$

が確率 1 で（2 次平均収束，したがって確率収束の意味で）成り立つ．この証明の概略を述べよう．まず両辺の期待値が一致することは明らかである．したがって，式 (B.14) の両辺の差の分散を計算し，それが $N \to \infty$ で 0 に収束することを言えばよい．実際，右辺をリーマン積分の形に離散化して

$$\begin{aligned}\left\langle \left(\sum_{n=0}^{N-1} A(x_n, t_n)(\Delta W_n^2 - \Delta t) \right)^2 \right\rangle &= \left\langle \sum_{n=0}^{N-1} A(x_n, t_n)^2 \left\langle (\Delta W_n^2 - \Delta t)^2 \right\rangle_n \right\rangle \\ &= 2\Delta t \left\langle \sum_{n=0}^{N-1} A(x_n, t_n)^2 \Delta t \right\rangle \end{aligned} \tag{B.15}$$

が得られる．ここで $\langle \cdots \rangle_n$ は時刻 t_n までの変数を固定したときの条件つき期待値であり，また 2 行目を得るためにガウス分布の性質 $\left\langle (\Delta W_n^2 - \Delta t)^2 \right\rangle_n = 2\Delta t^2$ を用いた．この 2 行目は $\Delta t \to 0$ で 0 に収束するので，所望の命題が証明されたことになる．

$$\gamma dx(t) = F(x(t), t)dt + \sqrt{2\gamma k_{\mathrm{B}} T} dW(t). \tag{B.16}$$

このような表記が，数学の意味での確率微分方程式である．

なお，$W(t) := \int_0^t dW(t')$ はウィーナー過程と呼ばれる．$W(0) = 0$ であり，$t > 0$ のとき $W(t)$ は期待値が 0，分散が t のガウス分布である [9]．$\xi(t) = dW(t)/dt$ がデルタ関数的な特異性をもっていることに対応して，その時間積分である $W(t)$ も（t の連続関数ではあるものの）高い特異性をもつ．図 B.1 に $W(t)$ と $x(t)$ の経路の一例を示す．これらは t の関数として非常に「ギザギザ」した関数になっており，実際にすべての t で微分不可能な関数であることが知られている．

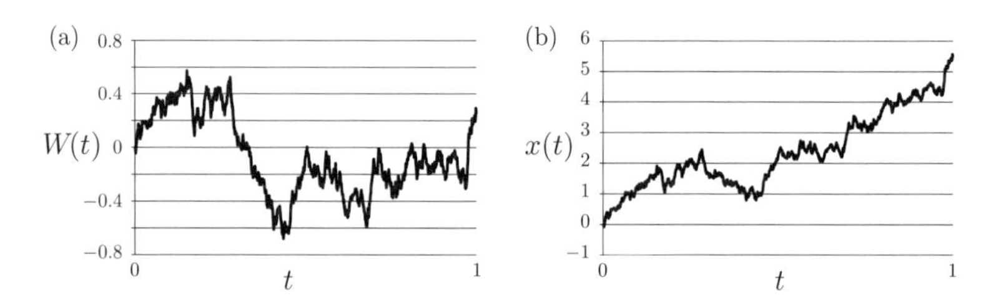

図 B.1　ランジュバン方程式の数値シミュレーション．(a) ウィーナー過程 $W(t)$ の一例．(b) それによって駆動される $dx(t) = 5dt + 2dW(t)$ の解 $x(t)$．

このような特異性に由来して，$x(t)$ の関数 $A(x(t))$ と $dW(t)$ の積には注意が必要である．すなわち，$A(x(t))dW(t)$ のような積は時間の離散化の方法に依存する [10]．もっとも標準的な積の定義は，$t = t_n$ に対して

[9] より一般に $t' > t$ に対して，$W(t') - W(t)$ は分散が $t' - t$ のガウス分布になる．また，$t_3 > t_2 > t_1 > t_0$ について，$W(t_3) - W(t_2)$ と $W(t_1) - W(t_0)$ は独立であり，時間相関はない．なお $W(t)$ は（確率 1 で）t についての連続関数である．以上は，数学的にはウィーナー過程 $W(t)$ の「定義」である．

[10] 数学において，リーマン・スティルチェス (Riemann–Stieltjes) 積分は

$$\int_{t=0}^{\tau} A(x(t))dx(t) := \lim_{N\to\infty} \sum_{n=0}^{N-1} A(x(t'_n))(x_{n+1} - x_n) \tag{B.17}$$

と定義される．ここで $t_n \leq t'_n < t_{n+1}$ である．もし $x(t)$ が t についてなめらか（微分可能で導関数も連続）ならば，式 (B.17) は t'_n の取り方に依存せず，リーマン積分 $\int_0^\tau A(x(t))\frac{dx(t)}{dt}dt$ と一致する．しかしランジュバン方程式の場合のように，$x(t)$ がいたるところで微分不可能な関数の場合は，t'_n の取り方で式 (B.17) の極限の値が変わってしまう．そこで特に $t'_n := t_n$ を採用するのが伊藤積である．

$$A(x(t)) \cdot dW(t) := \lim_{\Delta t \to 0} A(x_n)\Delta W_n \tag{B.18}$$

であり，これを伊藤積（Itô product）と呼ぶ．伊藤積であることを明示するために「$\cdot$」をつけている．時刻 t_n における x_n と，時刻 t_n から t_{n+1} までのホワイトノイズである ΔW_n は統計的に独立なので，$\langle A(x_n)\Delta W_n\rangle = \langle A(x_n)\rangle\langle \Delta W_n\rangle = 0$，すなわち $\langle A(x(t)) \cdot dW(t)\rangle = 0$ が成り立つ．

$A(x(t), t)$ のような関数の時間微分は，テイラー展開と伊藤公式を用いて計算できる．dx は dW を含むので，dx の 2 次までとる必要があることに注意して

$$\begin{aligned} dA &= \frac{\partial A}{\partial t}dt + \frac{\partial A}{\partial x}dx + \frac{1}{2}\frac{\partial^2 A}{\partial x^2}dx^2 \\ &= \frac{\partial A}{\partial t}dt + \frac{\partial A}{\partial x}\left(\frac{F}{\gamma}dt + \sqrt{\frac{2k_{\mathrm{B}}T}{\gamma}} \cdot dW\right) + \frac{1}{2}\frac{\partial^2 A}{\partial x^2}\frac{2k_{\mathrm{B}}T}{\gamma}dt \\ &= \left(\frac{\partial A}{\partial t} + \frac{F}{\gamma}\frac{\partial A}{\partial x} + \frac{k_{\mathrm{B}}T}{\gamma}\frac{\partial^2 A}{\partial x^2}\right)dt + \sqrt{\frac{2k_{\mathrm{B}}T}{\gamma}}\frac{\partial A}{\partial x} \cdot dW \end{aligned} \tag{B.19}$$

を得る（これも伊藤公式，あるいは伊藤の補題と呼ぶ）．このアンサンブル平均をとると，

$$\frac{d\langle A\rangle}{dt} = \left\langle \frac{\partial A}{\partial t} + \frac{F}{\gamma}\frac{\partial A}{\partial x} + \frac{k_{\mathrm{B}}T}{\gamma}\frac{\partial^2 A}{\partial x^2}\right\rangle \tag{B.20}$$

である．なお，関数 $A(x)$ と $B(x)$ に対して，積の微分も

$$d(AB) = A \cdot dB + B \cdot dA + dA \cdot dB \tag{B.21}$$

と，$dA \cdot dB$ の項を残す必要があることに注意しよう．

式 (B.20) の応用として，アインシュタインの関係式を導いてみよう．式 (B.16) において $F = 0$ とする．$A(x) = x^2$ とすると，$d\langle x^2\rangle/dt = 2k_{\mathrm{B}}T/\gamma$ なので，（初期分布が $x = 0$ に局在しているとき）$\langle x^2\rangle = 2k_{\mathrm{B}}Tt/\gamma$ と求まる．一方，拡散係数 D は $\langle x^2\rangle = 2Dt$ と定義される．したがって，アインシュタインの関係式

$$D = \gamma^{-1}k_{\mathrm{B}}T \tag{B.22}$$

が得られる．γ^{-1} は，外力をかけたときの速度との比 $\langle \dot{x}\rangle/F$ とみなせるため，移動度と呼ばれる．式 (B.22) は拡散係数（ゆらぎ）と移動度（外力への応答）

の比例関係を表しているので，第一種揺動散逸定理とみなすことができる．

最後に，粒子がある経路 $\boldsymbol{x}_\tau = \{x(t)\}_{t=0}^{\tau}$ を通る経路確率を考えておこう．まず，式 (B.11) と (B.12) を用いると，x_n から x_{n+1} への遷移確率は

$$P(x_{n+1}|x_n; t_n) \propto \exp\left(-\frac{\gamma\beta}{4\Delta t}\left(x_{n+1} - x_n - \frac{F_n}{\gamma}\Delta t\right)^2\right) \tag{B.23}$$

と与えられる．これの n についての積をとり，さらに $\Delta t \to 0$ の極限をとることで，

$$P[\boldsymbol{x}_\tau|x(0)] \propto \exp\left(-\frac{\gamma\beta}{4}\int_0^\tau \left(\frac{dx(x)}{dt} - \frac{F(x(t),t)}{\gamma}\right)^2 dt\right) \tag{B.24}$$

という経路確率の表式を得る．

B.1.4　フォッカー・プランク方程式

伊藤公式 (B.20) を用いて，オーバーダンプなランジュバン方程式 (B.6) に対応するフォッカー・プランク方程式を導いてみよう．まず，x の確率分布を $P(x,t)$ とすると，$\langle A\rangle = \int dx P(x,t)A(x,t)$ である．これを用いて式 (B.20) の両辺を書き直すと，

$$\int dx \left(\frac{\partial P}{\partial t}A + P\frac{\partial A}{\partial t}\right) = \int dx P\left(\frac{\partial A}{\partial t} + \frac{F}{\gamma}\frac{\partial A}{\partial x} + \frac{k_{\mathrm{B}}T}{\gamma}\frac{\partial^2 A}{\partial x^2}\right) \tag{B.25}$$

となる．ここで A の t 偏微分の項は両辺で共通なので，落とすことができる．さらに右辺を x について部分積分すると，

$$\int dx \frac{\partial P}{\partial t}A = \int dx \left(-\frac{\partial}{\partial x}\left(\frac{F}{\gamma}P\right) + \frac{k_{\mathrm{B}}T}{\gamma}\frac{\partial^2 P}{\partial x^2}\right)A \tag{B.26}$$

を得る．ここで境界条件として，開放境界で $\lim_{x\to\pm\infty} P(x,t) = 0$ であるか，または周期境界で不連続性がないという条件を課した．これが任意の $A(x,t)$ について成り立つので，P についての時間発展方程式であるフォッカー・プランク方程式

$$\frac{\partial P(x,t)}{\partial t} = \left(-\frac{\partial}{\partial x}\frac{F(x,t)}{\gamma} + \frac{k_{\mathrm{B}}T}{\gamma}\frac{\partial^2}{\partial x^2}\right)P(x,t) \tag{B.27}$$

が得られた．ここで，確率流を

$$J(x,t) := \frac{F(x,t)}{\gamma}P(x,t) - \frac{k_{\mathrm{B}}T}{\gamma}\frac{\partial P(x,t)}{\partial x} \tag{B.28}$$

と定義すると，式 (B.27) は確率の連続の式

$$\frac{\partial P(x,t)}{\partial t} = -\frac{\partial J(x,t)}{\partial x} \tag{B.29}$$

と書けることに注意しよう．なお，

$$v(x,t) := \frac{J(x,t)}{P(x,t)} = \frac{F(x,t)}{\gamma} - \frac{k_{\mathrm{B}}T}{\gamma}\frac{\partial}{\partial x}\ln P(x,t) \tag{B.30}$$

は局所平均速度 (local mean velocity) と呼ばれる（局所熱力学力と呼ばれることもある）．

力が時間依存しないポテンシャル力で $F(x) = -dV(x)/dx$ と書けるとき，式 (B.27) の定常解はカノニカル分布

$$P_{\mathrm{can}}(x) := e^{\beta(F_{\mathrm{eq}} - V(x))} \tag{B.31}$$

で与えられる．ここで $\beta := (k_{\mathrm{B}}T)^{-1}$ は逆温度，$F_{\mathrm{eq}} := -\beta^{-1}\ln\int dx e^{-\beta V(x)}$ は平衡自由エネルギーである．

特別な場合として $F = 0$ の場合を考えると，フォッカー・プランク方程式 (B.27) は

$$\frac{\partial P(x,t)}{\partial t} = \frac{k_{\mathrm{B}}T}{\gamma}\frac{\partial^2 P(x,t)}{\partial x^2} \tag{B.32}$$

となる．これは $D := k_{\mathrm{B}}T/\gamma$ を拡散係数とする拡散方程式に他ならない．ここからアインシュタインの関係式 (B.22) が再び確かめられる．式 (B.32) は解析的に解けて，その解は

$$P(x,t) = \frac{1}{2\sqrt{\pi D t}}\exp\left(-\frac{x^2}{4Dt}\right) \tag{B.33}$$

で与えられる．ただし境界条件 $\lim_{x\to\pm\infty} P(x,t) = 0$ および $\lim_{t\to+0} P(x,t) = \delta(x)$ を仮定した．なお，$F = 0$ の場合は $x(t) = \sqrt{2D}W(t)$ という比例関係が成り立っていることに注意しよう．$x(t)$ は分散が $2Dt$ のガウス分布であるが，こ

れは $W(t)$ が分散 t のガウス分布であることと整合している．

B.1.5　ストラトノビッチ積

$x(t)$ や $W(t)$ が高い特異性をもつことに由来して，$x(t)$ の関数と $dW(t)$ の積の取り方は一意ではないのであった．そこで，伊藤積 (B.18) とは異なる離散化にも触れておく．後述のようにこれは熱力学において重要であり，実験データから熱力学量を計算する際に実際に用いられる．

B.1.3 項と同様の離散化を考え，$t = t_n$ に対して

$$A(x(t)) \circ dW(t) := \lim_{\Delta t \to 0} \frac{A(x_{n+1}) + A(x_n)}{2} \Delta W_n \tag{B.34}$$

と定義する．これをストラトノビッチ (Stratonovich) 積と呼ぶ．ここで「$\circ$」はストラトノビッチ積であることを明示するためにつけた．なお，$A(x_{n+1})$ と ΔW_n は独立ではないので，一般に $\langle A \circ dW \rangle \neq \langle A \rangle \langle dW \rangle$ である．

ストラトノビッチ積から伊藤積への変換は，伊藤公式 (B.19) を $A(x_{n+1})$ のところに用いて，

$$A \circ dW = A \cdot dW + \sqrt{\frac{k_{\mathrm{B}} T}{2\gamma}} \frac{\partial A}{\partial x} dt \tag{B.35}$$

となる [11]．また，dx は dW を含むので，そのストラトノビッチ積は

$$A \circ dx = \left(\frac{F}{\gamma} A + \frac{k_{\mathrm{B}} T}{\gamma} \frac{\partial A}{\partial x} \right) dt + \sqrt{\frac{2 k_{\mathrm{B}} T}{\gamma}} A \cdot dW \tag{B.36}$$

のように伊藤積に変換される．ここから便利な公式

$$\left\langle A \circ \frac{dx}{dt} \right\rangle = \int dx J A \tag{B.37}$$

が得られる．たとえば $A(x) = \delta(x - x_0)$ とすると，

$$\left\langle \delta(x - x_0) \circ \frac{dx}{dt} \right\rangle = J(x_0) = P(x_0) v(x_0) \tag{B.38}$$

となる．

[11] なお，もとのランジュバン方程式 (B.16) においては，dW の係数に x 依存性がないので，伊藤積とストラトノビッチ積の区別はない．

また，式 (B.36) で A を $\partial A/\partial x$ に置き換えたものを，A の全微分 (B.19) と見比べると，

$$dA(x(t)) = \frac{dA}{dx}(x(t)) \circ dx(t) \tag{B.39}$$

となっていることがわかる．すなわち，合成関数の微分公式 $dA/dt = (dA/dx)(dx/dt)$ は，ストラトノビッチ積に対して成り立つことになる．同様に，式 (B.21) を書き換えると

$$d(AB) = A \circ dB + B \circ dA \tag{B.40}$$

となることがわかるので，積の微分公式もストラトノビッチ積に対して通常の形で成り立つ [12]．

B.2 ランジュバン系の熱力学

オーバーダンプなランジュバン方程式 (B.6) の熱力学を考えよう．たとえば水中のコロイド粒子の運動はオーバーダンプであるとみなせるので，これは実験的に重要な状況である．

B.2.1 熱力学第二法則

平均の熱と仕事を定義する．まず，時間依存するポテンシャル $V(x,t)$ によって力が $F(x,t) = -\partial V(x,t)/\partial x$ と書ける場合について考えよう．粒子のエネルギーは

$$E(t) := \int dx P(x,t) V(x,t) \tag{B.41}$$

で与えられる．2.3 節の熱の定義 (2.20) は，

---

[12] このようにストラトノビッチ積に対して通常の微分公式が得られる理由は，以下のように理解できる．まず $W(t)$ を t についてなめらかな関数で近似（スムージング）して，そのスムージングされた関数に対して $A(x(t))dW(t)$ を計算し，その後で $W(t)$ が微分不可能であるような極限をとる．この極限で得られるのはストラトノビッチ積である [126]．スムージングした時点で通常の微分公式が成り立っているので，その極限であるストラトノビッチ積に対しても通常の微分公式が成り立つわけである．なお，ストラトノビッチ積に相当する概念を，より特異性の高い非ガウス過程に一般化することもできる [127]．

$$\dot{Q} := \int dx \frac{\partial P}{\partial t} V = -\int dx \frac{\partial J}{\partial x} V = -\int dx JF \tag{B.42}$$

で与えられる．ここで式 (B.29) と部分積分を用いた．仕事の定義は式 (2.21) で与えられる．

さて，より一般には，外力 $F(x,t)$ は，ポテンシャル $V(x,t)$ に加えて，一様な非保存力 $f(t)$ が加わっている場合を考えることができる [13]．すなわち

$$F(x,t) = -\frac{\partial V(x,t)}{\partial x} + f(t) \tag{B.43}$$

である [14]．粒子のエネルギーの定義は式 (B.41) のままである．この場合に熱をどう定義するかが問題になるが，式 (B.42) の最右辺をそのまま採用して

$$\dot{Q} := -\int dx JF = -\int dx J \left(-\frac{\partial V}{\partial x} + f \right) \tag{B.44}$$

としよう．対応して，仕事にも非保存力の寄与を含め，

$$\dot{W} := \int dx P \frac{\partial V}{\partial t} + \int dx Jf \tag{B.45}$$

と定義できる [15]．

次に，シャノン・エントロピー $S(t) := -\int dx P(x,t) \ln P(x,t)$ の時間変化は

$$\frac{dS}{dt} = -\int dx \frac{\partial P}{\partial t} \ln P = -\int dx J \frac{1}{P} \frac{\partial P}{\partial x} = \int dx J \left(\gamma\beta \frac{J}{P} - \beta F \right) \tag{B.46}$$

となる．ここで最右辺への変形で式 (B.28) を用いた．したがってエントロピー生成は

$$\dot{\sigma} := \frac{dS}{dt} - \beta \dot{Q} = \gamma\beta \int dx \frac{J^2}{P} = \gamma\beta \int dx P v^2 \geq 0 \tag{B.47}$$

---

[13] 非保存力とは，周期境界条件において，一方向のみに粒子を駆動するトルクのようなものを考えればよい．

[14] ここで $V(x,t)$ の時間依存性は，操作パラメータ λ によって $V(x,\lambda(t))$ と書くべきものである．$f(t)$ についても同様．

[15] ここで非保存力の項は，ポテンシャルを介さずに外力が粒子にした仕事であると理解できる．たとえば円電流の場合は電池のする仕事に等しい．化学ポテンシャルの場合の式 (3.31) に類似の寄与であるとも言える．

となる．ここで v は局所平均速度 (B.30) である．これでランジュバン系における第二法則が示された．なお，ここで現れた係数 $\gamma\beta$ は，アインシュタインの関係式 (B.22) より，拡散係数の逆数 D^{-1} に他ならない．

エントロピー生成率 $\dot{\sigma}$ は確率流 J の 2 乗のオーダーで与えられる．したがって，確率流の積算値を一定にして時間幅 τ を長くする準静極限（すなわち J を $O(\tau^{-1})$ でスケールする極限）では，$\dot{\sigma}$ は $O(\tau^{-2})$ のオーダーとなる．これを時間積分すると，トータルのエントロピー生成 σ は $O(\tau^{-1})$ のオーダーとなる．これは準静極限についての 2.5 節の一般論と一致している．

B.2.2 ゆらぎの定理

次に確率的な熱力学量を考えよう．まず，非保存力がないとき，確率的な熱は $V(x,t)$ の x を通した変化なので，ストラトノビッチ積の微分公式 (B.39) を用いて

$$\hat{\dot{Q}}dt := \frac{\partial V}{\partial x} \circ dx = \left(\frac{F}{\gamma}\frac{\partial V}{\partial x} + \frac{k_{\mathrm{B}}T}{\gamma}\frac{\partial^2 V}{\partial x^2}\right)dt + \sqrt{\frac{2k_{\mathrm{B}}T}{\gamma}}\frac{\partial V}{\partial x} \cdot dW \tag{B.48}$$

となる．このアンサンブル平均が式 (B.42) となることは，式 (B.37) からわかる．非保存力がある場合も，式 (B.44) にならって

$$\hat{\dot{Q}}dt := \frac{\partial V}{\partial x} \circ dx - f dx = -F \circ dx \tag{B.49}$$

と定義する．なお，ランジュバン方程式 (B.6) を用いると，これは

$$\hat{\dot{Q}}dt = \left(-\gamma\frac{dx}{dt} + \sqrt{2\gamma k_{\mathrm{B}}T}\xi(t)\right) \circ dx \tag{B.50}$$

とも書き換えられる．右辺の $-\gamma dx/dt$ は熱浴からの散逸力，$\sqrt{2\gamma k_{\mathrm{B}}T}\xi(t)$ は熱浴からの揺動力なので，右辺全体として熱浴が粒子にする「仕事」を表している．これは熱の定義としてリーズナブルである．なお，操作パラメータを通して粒子がされる仕事は，式 (B.45) にならって

$$\hat{\dot{W}}dt := \frac{\partial V}{\partial t}dt + f dx \tag{B.51}$$

と定義できる．以上の熱と仕事の定義は，経路レベルでの熱力学第一法則

$$\frac{dV(x(t),t)}{dt} = \hat{\dot{Q}} + \hat{\dot{W}} \tag{B.52}$$

を満たす．以上のような熱と仕事の定義は，関本 [19] によって導入された．

以上をもとに，ゆらぎの定理を示そう．x_n から x_{n+1} への遷移確率は (B.23) で与えられるのであった．逆方向の遷移確率は

$$P(x_n|x_{n+1};t_n) \propto \exp\left(-\frac{\gamma\beta}{4\Delta t}\left(x_n - x_{n+1} - \frac{F_{n+1}}{\gamma}\Delta t\right)^2\right) \tag{B.53}$$

である．ここで左辺の時間の引数が t_n なのは，この時間依存性を表す操作パラメータ λ の値を t_n から t_{n+1} まで一定に保つという離散化を行っていることに対応する（図 B.2）．順方向と逆方向の遷移確率の比をとると，

$$\frac{P(x_n|x_{n+1};t_n)}{P(x_{n+1}|x_n;t_n)} = e^{\beta\hat{Q}_n(x_{n+1},x_n)} \tag{B.54}$$

を得る．ここで

$$\hat{Q}_n(x_{n+1},x_n) := -(F_{n+1}+F_n)\frac{x_{n+1}-x_n}{2} \to -F(x(t))\circ dx(t) \quad (\Delta t \to 0) \tag{B.55}$$

であり，ストラトノビッチ積まで含めて熱の定義 (B.49) と整合している．すなわち，式 (B.54) は単位時間あたりの局所詳細つり合いであることがわかる．式 (B.54) を時間方向に積算することで，局所詳細つり合い (3.6) が得られる．

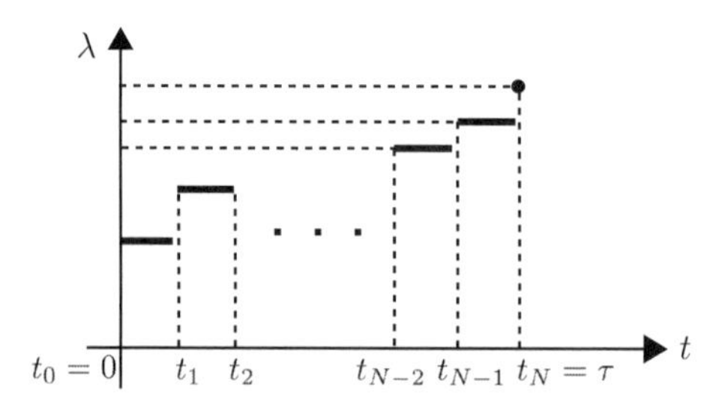

図 **B.2**　ランジュバン方程式における操作パラメータ λ の離散化.

B.2.3　非平衡定常熱力学

ランジュバン系の場合も，3.5 節でのマルコフジャンプ系の議論と同様にして，

エントロピー生成 (B.47) を分解できる．非保存力によって非平衡定常状態になる場合を考えよう．時刻 t の操作パラメータにおける定常分布を $P_{\mathrm{ss}}(x;t)$，対応する確率流を $J_{\mathrm{ss}}(x;t)$ とする．操作パラメータの時間変化があるときは，実際の分布はこれとはずれて $P(x,t)$ となり，対応する確率流は $J(x,t)$ となる．これらに対応する局所平均速度を $v_{\mathrm{ss}}(x;t) := J_{\mathrm{ss}}(x;t)/P_{\mathrm{ss}}(x;t)$，$v(x,t) := J(x,t)/P(x,t)$ とする．なお，以下では引数 (x,t) などを省略する．

このとき，過剰エントロピー生成は

$$\dot{\sigma}_{\mathrm{ex}} := \gamma\beta \int dx P(v - v_{\mathrm{ss}})^2 \geq 0 \tag{B.56}$$

と定義でき，維持エントロピー生成は

$$\dot{\sigma}_{\mathrm{hk}} := \gamma\beta \int dx P v_{\mathrm{ss}}^2 \geq 0 \tag{B.57}$$

と定義できる [83, 84]．これらの和がエントロピー生成に一致する，すなわち $\dot{\sigma}_{\mathrm{ex}} + \dot{\sigma}_{\mathrm{hk}} = \dot{\sigma}$ となることは，式 (B.47) を $\dot{\sigma} = \gamma\beta \int dx P((v - v_{\mathrm{ss}}) + v_{\mathrm{ss}})^2$ と書き直したうえで，直交条件

$$\gamma\beta \int dx P(v - v_{\mathrm{ss}}) v_{\mathrm{ss}} = -\int dx J_{\mathrm{ss}} \frac{\partial}{\partial x}\left(\frac{P}{P_{\mathrm{ss}}}\right) = 0 \tag{B.58}$$

からわかる．ここで左の等号を得るのに $\frac{P}{P_{\mathrm{ss}}}\frac{\partial}{\partial x}\ln\frac{P}{P_{\mathrm{ss}}} = \frac{\partial}{\partial x}\frac{P}{P_{\mathrm{ss}}}$ を，右の等号を得るのに部分積分と $\frac{\partial J_{\mathrm{ss}}}{\partial x} = 0$ を用いた．

なお，式 (B.58) を用いると

$$\dot{\sigma}_{\mathrm{ex}} = \gamma\beta \int dx J(v - v_{\mathrm{ss}}), \quad \dot{\sigma}_{\mathrm{hk}} = \gamma\beta \int dx J v_{\mathrm{ss}} \tag{B.59}$$

とも書ける．さらに，シャノン・エントロピーの変化 dS/dt を $\dot{\sigma}_{\mathrm{ex}}$ から分けて書くと

$$\dot{\sigma}_{\mathrm{ex}} = \frac{dS}{dt} - \beta\dot{Q}_{\mathrm{ex}}, \quad \dot{Q}_{\mathrm{ex}} := -\int dx J(F - \gamma v_{\mathrm{ss}}) \tag{B.60}$$

となり，$\dot{Q}_{\mathrm{ex}}$ は過剰熱と呼ばれる．対応して，$\dot{Q}_{\mathrm{hk}} := -\int dx J\gamma v_{\mathrm{ss}}$ は維持熱と呼ばれる．ただし実際に分布が定常である（すなわち $P(x,t) = P_{\mathrm{ss}}(x;t)$ である）ときの熱は $\dot{Q}_{\mathrm{ss}} := -\int dx J_{\mathrm{ss}} F = -\int dx J_{\mathrm{ss}}\gamma v_{\mathrm{ss}}$ であり，$\dot{Q}_{\mathrm{hk}}$ とは微妙に異

なることに注意しよう.

なお,ランジュバンの場合についても,3.5 節のマルコフジャンプ過程の場合と同様に双対過程を用いて定式化することができ,確率的な過剰エントロピー生成と維持エントロピー生成のそれぞれが,式 (3.129) のように積分型ゆらぎの定理を満たす.

非平衡定常系の揺動散逸定理

3.3.2 項で議論したような第一種揺動散逸定理(久保公式)は,平衡状態周りの摂動についてのものであった.これが非平衡定常状態のまわりの摂動に対してどう拡張されるかは興味深い問題であり,いろいろなアプローチが知られている.ここで着目するのは,原田・佐々によって見出された,第一種揺動散逸定理の破れによって,定常状態の熱流が特徴づけられるという関係式である [128].

オーバーダンプなランジュバン系を考え,定常状態まわりでの摂動に対する速度 $\dot{x}$ の応答関数を $\phi(t)$,定常状態での $\dot{x}$ の相関関数を $C(t)$ とする.また,これらのフーリエ変換を $\tilde{\phi}(\omega)$,$\tilde{C}(\omega)$ とする.平衡状態まわりの摂動については,式 (3.79) と同様にして $\tilde{C}(\omega) = 2T\mathrm{Re}[\tilde{\phi}(\omega)]$ が成り立つ(T は熱浴の温度).この破れを ω で積分した量と,定常状態における発熱 $-\dot{Q}_{\mathrm{ss}}$ と速度 v_{ss} を用いて,

$$-\dot{Q}_{\mathrm{ss}} = \gamma\left(v_{\mathrm{ss}}^2 + \int_{-\infty}^{\infty}\left[\tilde{C}(\omega) - 2T\mathrm{Re}[\tilde{\phi}(\omega)]\right]\frac{d\omega}{2\pi}\right) \tag{B.61}$$

が成り立つ.

式 (B.61) の右辺は,しばしば左辺の $\dot{Q}_{\mathrm{ss}}$ よりも測定が容易であるため,この式は熱測定のために用いられる.たとえば,$\mathrm{F_1}$-ATPase [129] やキネシン [130] などの空間自由度からの発熱の計測に用いられた.これらの分子モーターには内部自由度の遷移に伴う発熱もあるが,式 (B.61) はランジュバン系とみなせる空間自由度からの発熱だけを拾う.それを全体の発熱から差し引くと内部自由度からの発熱もわかる.これは,直接的な測定が難しい分子モーターの内部散逸を推定する重要な手段となっている.

B.2.4 熱力学不確定性関係

最後に，ランジュバン系の場合の熱力学不確定性関係について簡単に述べる（マルコフジャンプ過程の場合については 3.6 節を参照）．一般のカレント（式 (3.130) に対応）は，任意の関数 $D(x)$ を用いて [16)]，$\hat{\mathcal{J}}_D := D(x) \circ (dx/dt)$ で与えられる．そのアンサンブル平均は，式 (B.37) より $J_D := \langle \hat{\mathcal{J}}_D \rangle = \int dx DJ$ となる．

まず短時間極限を考えよう．$\Delta_D := (2/\gamma\beta) \int dx D^2 P$ と定義する．これとエントロピー生成 (B.47) を用いて，マルコフジャンプ過程の場合の式 (3.134) と同じ形の不等式が成り立つ．証明は，コーシー・シュワルツの不等式を用いて

$$\frac{\dot{\sigma}\Delta_D}{2} = \frac{1}{2}\left(\gamma\beta \int dx \frac{J^2}{P}\right)\left(\frac{2}{\gamma\beta}\int dx D^2 P\right) \geq \left(\int dx DJ\right)^2 = J_D^2 \quad \text{(B.62)}$$

で与えられる．等号成立条件は $J/\sqrt{P} \propto D\sqrt{P}$，すなわち適当な比例定数 c を用いて $D = cJ/P = cv$ と書けることである．このとき $J_D = (c/\gamma\beta)\dot{\sigma}$ が成り立つ．ここで重要なことは，（3.6 節でも述べたように）ランジュバン系では短時間極限の熱力学不確定性関係の等号を達成できるということである．これはエントロピー生成の推定への応用において重要である．

有限時間の熱力学不確定性関係 (3.131)，(3.132) もランジュバン系で成立する．これは 3.6.4 項と同様の方法で示すことができる．F が t に陽に依存せず，分布が定常分布 $P_{\mathrm{ss}}(x)$ である場合を考えよう．式 (3.146) に対応する変形されたダイナミクスとして，θ をパラメータとして

$$\gamma dx = F(x)dt + \theta\gamma v_{\mathrm{ss}}(x)dt + \sqrt{2\gamma k_{\mathrm{B}}T}dW \quad \text{(B.63)}$$

を導入する [95, 96]．ここで $v_{\mathrm{ss}}(x) = J_{\mathrm{ss}}(x)/P_{\mathrm{ss}}(x)$ は，元のダイナミクスの定常分布に対応する局所平均速度である．変形された確率分布 $P_\theta(x,t)$ は

$$\frac{\partial P_\theta}{\partial t} = -\frac{\partial}{\partial x}\left((1+\theta)\frac{F}{\gamma}P_\theta - \frac{k_{\mathrm{B}}T}{\gamma}\frac{\partial P_\theta}{\partial x} - \theta\frac{k_{\mathrm{B}}T}{\gamma}\frac{\partial P_{\mathrm{ss}}}{\partial x}\frac{P_\theta}{P_{\mathrm{ss}}}\right) \quad \text{(B.64)}$$

の解である．$P_\theta(x) = P_{\mathrm{ss}}(x)$ を代入すると右辺は 0 になるので，この変形で定

---

16) この D は拡散係数とは関係ないので注意．

常分布は変わらない．対応して，変形された定常流は $J_{\theta,\mathrm{ss}}(x) = (1+\theta)J_{\mathrm{ss}}(x)$ とスケールすることがわかる．また，式 (A.43) の最右辺と式 (B.23) を用いると，フィッシャー情報量は $f_{\theta=0} = \sigma/2$ で与えられることがわかる（式 (3.155) とは異なり等号になる）．以上より式 (3.131) が得られる．

参考図書

まず，平衡熱力学の教科書として以下を挙げたい．[1] には不可逆熱力学の解説も含まれている．

[1] H. B. Callen, "*Thermodynamics and an Introduction to Thermostatistics, 2nd Edition*" (John Wiley and Sons, New York, 1985). 和訳：小田垣孝,『熱力学および統計物理入門（上・下)』, 吉岡書店 (1998, 1999).

[2] 田崎晴明,『熱力学—現代的な視点から』, 培風館 (2000).

[3] 清水明,『熱力学の基礎（第 2 版)』, 東京大学出版会 (2021).

伝統的な非平衡統計力学・非平衡熱力学の日本語で読める教科書として，以下を挙げておく．[4] は古典的名著である．線形応答理論については [5] をおすすめしたい．[6] には化学反応なども含めた不可逆熱力学の詳細な記述がある．

[4] 戸田盛和，斎藤信彦，久保亮五，橋爪 夏樹,『統計物理学 （新装版 現代物理学の基礎 第 5 巻)』, 岩波書店, (2011).

[5] 今田正俊,『統計物理学』, 丸善 (2004).

[6] D. Kondepudi and I. Prigogine, "*Modern Thermo dynamics: From Heat Engines to Dissipative Structures*", John Wiley and Sons, New York (1998). 和訳：妹尾学，岩本和敏,『現代熱力学—熱機関から散逸構造へ』, 朝倉書店 (2001).

[7] 北原和夫,『非平衡系の統計力学 (岩波基礎物理シリーズ 8)』, 岩波書店 (1997).

[8] 香取真理,『非平衡統計力学（裳華房テキストシリーズ—物理学)』, 裳華房 (1999).

[9] 太田隆夫,『非平衡系の物理学』, 裳華房 (2000).

[10] 藤坂博一,『非平衡系の統計力学 (物理学教科書シリーズ)』, 産業図書 (1998).

古典情報理論について，シャノンの原論文 [11]，入門的な教科書 [12,13]，よ

り本格的な教科書 [14] を挙げておきたい.

[11] C. Shannon, The Bell System Technical Journal **27**, 379-423, 623-656 (1948); 和訳：植松友彦,『通信の数学的理論（ちくま学芸文庫)』筑摩書房, (2009).

[12] 佐藤洋,『情報理論（改訂版)』, 裳華房 (1983).

[13] 豊田正,『情報の物理学（物理のたねあかし)』, 講談社 (1997).

[14] T. M. Cover and J. A. Thomas, "*Elements of Information Theory*", Wiley-Interscience, 2nd Edition (2006). 和訳：山本博資, 古賀弘樹, 有村光晴, 岩本貢,『情報理論—基礎と広がり—』, 共立出版 (2012).

量子情報と量子計算の教科書の定番は以下であろう.

[15] M. A. Nielsen and I. L. Chuang, "*Quantum Computation and Quantum Information*" Cambridge University Press (2000). 和訳：木村達也,『量子コンピュータと量子通信（I, II, III)』, オーム社 (2004, 2005).

古典系のゆらぎの熱力学のレビューおよび教科書として以下がある.

[16] L. Peliti and S. Pigolotti, "*Stochastic Thermodynamics: An Introduction*" Princeton University Press (2021).

[17] N. Shiraishi, "*An introduction to stochastic thermodynamics: from basic to advanced*" Springer（近日出版予定）.

[18] U. Seifert, Rep. Prog. Phys. **75**, 126001 (2012).

[19] K. Sekimoto, "*Stochastic Energetics*" Springer (2010). 和訳：関本謙,『ゆらぎのエネルギー論（新物理学選書)』, 岩波書店 (2004).

古典系のゆらぎの熱力学の実験のレビューとして以下がある.

[20] S. Ciliberto, Phys. Rev. X **7**, 021051 (2017).

古典系の情報熱力学のレビューとして以下を挙げる.

[21] J. M. R. Parrondo, J. M. Horowitz, and T. Sagawa, Nat. Phys. **11**, 131 (2015).

[22] T. Sagawa, "Second law, entropy production, and reversibility in thermodynamics of information" [Chapter of: Snider G. *et al.* (eds.): En-

ergy Limits in Computation: A Review of Landauer's Principle, Theory and Experiments, pp. 101-139 Springer (2019). https://arxiv.org/abs/1712.06858

古典系の確率過程についての教科書を挙げておく.

[23] C. Gardiner, "*Stochastic Methods: A Handbook for the Natural and Social Sciences*", Springer, 4th Edition (2009).

[24] 大住晃,『確率システム入門(システム制御情報ライブラリー)』, 朝倉書店 (2002).

[25] 岩城秀樹,『確率解析とファイナンス』, 共立出版 (2008).

本書で取り上げられなかった非平衡統計力学の重要な手法として, 計数統計(counting statistics)がある. その解説として以下を挙げておく.

[26] 齊藤圭司,「非平衡輸送現象:輸送現象における計数統計を学ぶための基礎」, 物性研究 **92**, 345-376 (2009).

生物物理と統計力学の関連については, 以下が標準的な教科書であろう.

[27] B. Phillips *et al.*, "*Physical Biology of the Cell*", Garland Science, 2nd Edition (2012). 和訳:笹井理生, 伊藤一仁, 千見寺浄慈, 寺田智樹,『細胞の物理生物学(初版)』, 共立出版 (2011).

以下は量子系のゆらぎの熱力学および情報熱力学についてのレビューである. なお [29] は arXiv 版が最新である.

[28] M. Esposito, U. Harbola, and S. Mukamel, Rev. Mod. Phys. **81**, 1665 (2009).

[29] T. Sagawa "Second Law-Like Inequalities with Quantum Relative Entropy: An Introduction" [Chapter of: M. Nakahara and S. Tanaka (eds), "*Lectures on Quantum Computing, Thermodynamics and Statistical Physics*", Kinki University Series on Quantum Computing, World Scientific (2012)] https://arxiv.org/abs/1202.0983

[30] K. Funo, M. Ueda, and T. Sagawa, "Quantum Fluctuation Theorems" [Chapter of: F. Binder *et al.* (eds.), "*Thermodynamics in the Quantum*

Regime" Fundamental Theories of Physics, **195**. Springer, Cham (2018)]. https://arxiv.org/abs/1803.04778

[31] T. Sagawa, Prog. Theor. Phys. **127**, 1 (2012).

以下は古典および量子エントロピーの数学的性質と，熱力学リソース理論についての拙著である．

[32] T. Sagawa, "*Entropy, Divergence, and Majorization in Classical and Quantum Thermodynamics*", SpringerBriefs in Mathematical Physics (Springer, 2022). https://arxiv.org/abs/2007.09974

上記に関連して，行列解析については以下の教科書がある．

[33] R. Bhatia, "*Matrix Analysis*", Springer (1996).

量子系の確率過程や，量子測定についての拙著は以下である．ミクロなダイナミクスから出発して，ボルン・マルコフ近似によって量子マスター方程式を系統的に導出する方法を議論している．

[34] 沙川貴大，上田正仁，『量子測定と量子制御（数理科学 別冊）』，サイエンス社 (2016)．第二版が近日出版予定．第一版の電子版：https://www.saiensu.co.jp/search/?isbn=978-4-7819-9955-5&y=2018

エルゴード性や ETH など，統計力学の基礎についての現代的なレビューとして以下をおすすめする．

[35] T. Mori *et al.*, J. Phys. B: At. Mol. Opt. Phys. **51**, 112001 (2018).

以下は本書で引用した文献である．

[36] J. Liphardt *et al.*, Science **296**, 1832 (2002).

[37] J. C. Maxwell, "*Theory of Heat*," (Appleton, London, 1871).

[38] S. Toyabe, T. Sagawa, M. Ueda, E. Muneyuki, and M. Sano, Nat. Phys. **6**, 988 (2010).

[39] E. Roldan, I. A. Martinez, J. M. R. Parrondo, and D. Petrov, Nat. Phys. **10**, 457 (2014).

[40] J. V. Koski, V. F. Maisi, T. Sagawa, and J. P. Pekola, Phys. Rev. Lett.

113, 030601 (2014).

[41] K. Chida, S. Desai, K. Nishiguchi, and A. Fujiwara, Nat. Commun. **8**, 15310 (2017).

[42] M. Ribezzi-Crivellari and F. Ritort, Nat. Phys. **15**, 660 (2019).

[43] P. A. Camati *et al.*, Phys. Rev. Lett. **117**, 240502 (2016).

[44] N. Cottet *et al.*, Proc. Natl. Acad. Sci. USA **114**, 7561 (2017).

[45] Y. Masuyama *et al.*, Nat. Commu. **9**, 1291 (2018).

[46] M. Naghiloo, J. J. Alonso, A. Romito, E. Lutz, and K. W. Murch, Phys. Rev. Lett. **121**, 030604 (2018).

[47] L. Szilard, Z. Phys. **53**, 840 (1929).

[48] T. Sagawa and M. Ueda, Phys. Rev. Lett. **100**, 080403 (2008).

[49] T. Sagawa and M. Ueda, Phys. Rev. Lett. **104**, 090602 (2010).

[50] T. Sagawa and M. Ueda, Phys. Rev. Lett. **102**, 250602 (2009); **106**, 189901(E) (2011).

[51] T. Sagawa and M. Ueda, Phys. Rev. Lett. **109**, 180602 (2012).

[52] T. Sagawa and M. Ueda, New J. Phys. **15**, 125012 (2013).

[53] H. S. Leff and A. F. Rex (eds.), "*Maxwell's demon 2: Entropy, Classical and Quantum Information, Computing*" (Princeton University Press, New Jersey, 2002).

[54] L. Brillouin, J. Appl. Phys. **22**, 334 (1951).

[55] C. H. Bennett, Int. J. Theor. Phys. **21**, 905 (1982).

[56] R. Landauer, IBM J. Res. Dev. **5**, 183 (1961).

[57] P. Strasberg and M. Esposito, Phys. Rev. E **99**, 012120 (2019).

[58] G. E. Crooks, Phys. Rev. E **60**, 2721 (1999).

[59] U. Seifert, Phys. Rev. Lett. **95**, 040602 (2005).

[60] R. Kawai, J. M. R. Parrondo, and C. Van den Broeck, Phys. Rev. Lett. **98**, 080602 (2007).

[61] Y. Murashita, K. Funo, and M. Ueda, Phys. Rev. E **90**, 042110 (2014).

[62] J. L. Lebowitz and H. Spohn, J. Stat. Phys. **95**, 333 (1999).

[63] C. Jarzynski, Phys. Rev. Lett. **78**, 2690 (1997).

[64] C. Jarzynski, J. Stat. Phys. **98**, 77 (2000).

[65] A. O. Caldeira and A. J. Leggett, Phys. Rev. Lett. **46**, 211 (1981).

[66] D. J. Evans, E. G. D. Cohen, and G. P. Morris, Phys. Rev. Lett. **71**, 2401 (1993).

[67] E. Iyoda, K. Kaneko, and T. Sagawa, Phys. Rev. Lett. **119**, 100601 (2017).

[68] E. Iyoda, K. Kaneko, and T. Sagawa, Phys. Rev. E **105**, 044106 (2022).

[69] K. Kawasaki and J. D. Gunton, Phys. Rev. A **8**, 2048 (1973).

[70] G. N. Bochkov and Yu. E. Kuzovlev, Zh. Eksp. Teor. Fiz. **72**, 238 (1977).

[71] M. Esposito, K. Lindenberg, and C. Van den Broeck, Phys. Rev. Lett. **102**, 130602 (2009).

[72] G. Benentia, G. Casatiac, K. Saito, and R. S. Whitney, Phys. Rep. **694**, 1 (2017).

[73] C. Van den Broeck, Phys. Rev. Lett. **95**, 190602 (2005).

[74] F. Curzon and B. Ahlborn, Am. J. Phys. **43**, 22 (1975).

[75] M. Esposito, R. Kawai, K. Lindenberg, and C. Van den Broeck, Phys. Rev. Lett. **105**, 150603 (2010).

[76] S. Toyabe *et al.*, PNAS **108**, 17951 (2011).

[77] R. Kubo, J. Phys. Soc. Jpn. **12**, 570 (1957).

[78] D. Andrieux and P. Gaspard, J. Chem. Phys. **121**, 6167 (2004).

[79] K. Saito and Y. Utsumi, Phys. Rev. B **78**, 115429 (2008).

[80] R. van Zon and E. G. D. Cohen, Phys. Rev. Lett. **91**, 110601 (2003).

[81] Y. Oono and M. Paniconi, Prog. Theor. Phys. Suppl. **130**, 29 (1998).

[82] M. Esposito and C. Van den Broeck, Phys. Rev. E **82**, 011143 (2010).

[83] M. Esposito and C. Van den Broeck, Phys. Rev. E **82**, 011144 (2010).

[84] T. Hatano and S.-I. Sasa, Phys. Rev. Lett. **86**, 3463 (2001).

[85] T. S. Komatsu, N. Nakagawa, S. -I. Sasa, and H. Tasaki, Phys. Rev. Lett. **100**, 230602 (2008).

[86] T. Sagawa and H. Hayakawa, Phys. Rev. E **84**, 051110 (2011).

[87] L. Bertini, D. Gabrielli, G. Jona-Lasinio, and C. Landim, Phys. Rev. Lett. **110**, 020601 (2013).

[88] C. Maes and K. Netočný, J. Stat. Phys. **154**, 188 (2014).

[89] A. C. Barato and U. Seifert, Phys. Rev. Lett. **114**, 158101 (2015).

[90] J. M. Horowitz and T. R. Gingrich, Phys. Rev. E **96**, 020103(R) (2017).

[91] K. Brandner, T. Hanazato, and K. Saito, Phys. Rev. Lett. **120**, 090601 (2018).
[92] A. Dechant and S.-I. Sasa, J. Stat. Mech. 063209 (2018).
[93] K. Liu, Z. Gong, and M. Ueda, Phys. Rev. Lett. **125**, 140602 (2020).
[94] T. Koyuk and U. Seifert, Phys. Rev. Lett. **125**, 260604 (2020).
[95] A. Dechant, J. Phys. A: Math. Theor. **52**, 35001 (2018).
[96] Y. Hasegawa and T. V. Vu, Phys. Rev. E **99**, 062126 (2019).
[97] N. Shiraishi and K. Saito, J. Stat. Phys. **174**, 433 (2019).
[98] H. Tajima and K. Funo, Phys. Rev. Lett. **127**, 190604 (2021).
[99] N. Shiraishi, K. Saito, and H. Tasaki, Phys. Rev. Lett. **117**, 190601 (2016).
[100] S. Otsubo, S. Ito, A. Dechant, and T. Sagawa, Phys. Rev. E **101**, 062106 (2020).
[101] T. V. Vu, V. T. Vo, and Y. Hasegawa, Phys. Rev. E **101**, 042138 (2020).
[102] A. Dechant and S.-I. Sasa, Phys. Rev. Research **3**, L042012 (2021).
[103] N. Shiraishi, J. Stat. Phys. **185**, 19 (2021).
[104] J. Li, J. M. Horowitz, T. R. Gingrich, and N. Fakhri, Nat. Commu. **10**, 1666 (2019).
[105] S. Otsubo, S. K. Manikandan, T. Sagawa, and S. Krishnamurthy, Commu. Phys. **5**, 1 (2022).
[106] S. Kamimura, H. Hakoshima, Y. Matsuzaki, K. Yoshida, and Y. Tokura, arXiv:2106.10813.
[107] N. Shiraishi, K. Funo, and K. Saito, Phys. Rev. Lett. **121**, 070601 (2018).
[108] J. M. Horowitz and J. M. R. Parrondo, Europhys Lett. **95**, 10005 (2011).
[109] T. Sagawa and M. Ueda, Phys. Rev. E **85**, 021104 (2012).
[110] A. Kutvonen, T. Sagawa, and T. Ala-Nissila, Phys. Rev. E **93**, 032147 (2016).
[111] A. Bérut, A. Arakelyan, A. Petrosyan, S. Ciliberto, R. Dillenschneider, and E. Lutz, Nature **483**, 187 (2012).
[112] T. Sagawa, J. Stat. Mech. P03025 (2014).
[113] M. Gavrilov and J. Bechhoefer, Phys. Rev. Lett. **117**, 200601 (2016).
[114] J. M. Horowitz and M. Esposito, Phys. Rev. X **4**, 031015 (2014).

[115] S. Yamamoto, S. Ito, N. Shiraishi, and T. Sagawa, Phys. Rev. E **94**, 052121 (2016).

[116] J. Schnakenberg, Rev. Mod. Phys. **48**, 571 (1976).

[117] N. Shiraishi and T. Sagawa, Phys. Rev, E **91**, 012130 (2015).

[118] T. Schreiber, Phys. Rev. Lett. **85**, 461 (2000).

[119] T. Matsumoto and T. Sagawa, Phys. Rev. E **97**, 042103 (2018).

[120] S. Ito and T. Sagawa, Nat. Commun. **6**, 7498 (2015).

[121] S. Ito and T. Sagawa, Phys. Rev. Lett. **111**, 180603 (2013).

[122] S. Ito, Sci. Rep. **6**, 36831 (2016).

[123] K. Hayashi, H. Ueno, R. Iino, and H. Noji, Phys. Rev. Lett. **104**, 218103 (2010).

[124] S. Amari and H. Nagaoka, "*Methods of Information Geometry*", Oxford University Press, New York (2000), American Mathematical Society, Providence (2007).

[125] S. Ito and A. Dechant, Phys. Rev. X **10**, 021056 (2020).

[126] E. Wong and M. Zakai, Int. J. Eng. Sci. **3**, 213 (1965).

[127] K. Kanazawa, T. Sagawa, and H. Hayakawa, Phys. Rev. Lett. **108**, 210601 (2012).

[128] T. Harada and S. Sasa, Phys. Rev. Lett. **95**, 130602 (2005).

[129] S. Toyabe *et al.*, Phys. Rev. Lett. **104**, 198103 (2010).

[130] T. Ariga, M. Tomishige, and D. Mizuno, Phys. Rev. Lett. **121**, 218101 (2018).

索　引

英数字

F_1-ATPase …… 5, 56, 170
KL 情報量 …… 45, 70, 146
S/N 比 …… 146

あ

アインシュタインの関係式 … 64, 161
アフィニティ …… 51
イェンセン (Jensen) の不等式 …… 45
維持エントロピー生成 …… 78, 169
移動エントロピー …… 133
伊藤公式 …… 159, 161
伊藤積 …… 160
ウィーナー増分 …… 158
ウィーナー・ヒンチン (Wiener-Khintchine) の定理 …… 157
エスケープ・レート …… 66
エントロピー生成 ‥4, 26, 52, 70, 166
オーバーダンプ …… 17, 157
オンサーガー係数 …… 54
オンサーガーの相反定理 …… 55, 62

か

化学ポテンシャル …… 52
確率的なエントロピー生成 …… 40
確率的なシャノン・エントロピー · 40
過剰エントロピー生成 …… 78, 169
過剰熱 …… 78, 169
カノニカル分布 …… 16
カルノー効率 …… 31
カレント …… 51, 81
河合・パロンド・ブロック (Kawai-Parrondo-Broeck, KPB) の式 …… 45
川崎表現 …… 45
キネシン …… 57, 170
逆温度 …… 16
逆過程 …… 41
キュムラント …… 154
キュムラント生成関数 …… 46, 61, 154
強結合条件 …… 54, 56, 74
局所詳細つり合い …… 42, 168
局所平均速度 …… 163
クエンチ …… 23
久保公式 …… 64
クラウジウスの不等式 …… 25, 31
クラメール・ラオ (Cramer-Rao) 不等式 …… 87, 152
グランドカノニカル分布 …… 52
クルックス (Crooks) のゆらぎの定理 44
経路積分 …… 40
ケルビン (Kelvin) の原理 …… 4
固有状態熱化仮説 …… 19

さ

サイクル …… 3
時間反転 …… 41, 74
仕事 …… 24, 40, 69, 72, 167
指数型分布族 …… 153
シャノン・エントロピー …… 18, 137
シャノン情報量 …… 18, 137
ジャルジンスキー (Jarzynski) 等式47
ジャルジンスキー等式 …… 97
十分統計量 …… 134
順過程 …… 41

準静過程 25, 35
条件つき確率 41
条件つきシャノン情報量 141
詳細つり合い 68, 75
詳細ゆらぎの定理 43, 47
情報アフィニティ 132
情報エントロピー 6, 17
情報幾何 153
情報熱機関 10, 97
情報熱力学 1, 7, 91
情報熱力学効率 97
情報熱力学の第二法則 96
情報の消去 103, 113
情報流 129
シラード・エンジン 7, 91
自律的なマクスウェルのデーモン 127
ストラトノビッチ (Stratonovich) 積 164
性能指数 ZT 51, 56
積分型ゆらぎの定理 44, 79
絶対不可逆性 44
線形応答理論 60
線形不可逆熱力学 54
走化性シグナル伝達 135
相関関数 62, 64
相互情報量 10, 93, 142
操作パラメータ 21
双対レート 77
測定と消去のトレードオフ 103, 125
測定の反作用 92

た

第一種揺動散逸定理 63, 64, 162, 170
第二種揺動散逸定理 156
単調性 70, 148

な

内部エントロピー 120
二値対称通信路 144
二部 (bipartite) 条件 129
熱 24, 40, 69, 72, 165, 167
熱電係数 59
熱電効果 5, 51
熱力学第一法則 22, 39, 167
熱力学第二法則 3, 25, 70
熱力学的速度制限 89
熱力学的に可逆 32, 99, 107, 116, 126
熱力学不確定性関係 80, 171
熱力学リソース理論 151
熱流 53

は

波多野・佐々 (Hatano-Sasa) 等式 79
ハミルトン系 48
パワー 38, 53
パワーが最大のときの効率 58
パワーと効率のトレードオフ 38, 59, 85
パワー・ファクター 58
非対称メモリ 12, 117
非平衡自由エネルギー 27, 148
標準状態 112
フィッシャー情報量 87, 151, 172
フィードバック 7, 9, 91
フォッカー・プランク方程式 156, 162
不可逆熱力学 51
物理状態 113, 119
不偏推定量 152
平衡自由エネルギー 16
ベイズの定理 94
ベリー位相 80
ボルツマンの公式 17
ホワイトノイズ 156

ま

マクスウェルのデーモン 1, 7, 11, 91
マクスウェルのデーモンのパラドックス 11, 105, 111, 126
マスター方程式 66
マルコフ 20, 65, 156
マルコフジャンプ過程 65
メモリ 10, 101, 111

や

ゆらぎのエネルギー論 ……50
ゆらぎの定理 …… 1, 4, 37, 50, 71
ゆらぎの熱力学……1
揺動散逸定理 ……46

ら

ランジュバン方程式…… 17, 155
ランダウア原理 12, 26, 103, 112, 119
ランダウア・ベネットの議論……12
リウヴィルの定理 ……49
量子ドット …… 5, 54, 73
劣加法性 …… 143
論理エントロピー …… 119
論理状態 ……113, 119
論理的可逆性 ……116, 122

著者紹介

沙川貴大（さがわ　たかひろ）

2011 年 3 月　東京大学大学院理学系研究科物理学専攻　博士課程修了
　　　　　　博士（理学）
2011 年 4 月　京都大学白眉センター　特定助教
2013 年 1 月　東京大学大学院総合文化研究科　准教授
2015 年 5 月　東京大学大学院工学系研究科物理工学専攻　准教授
2020 年 7 月 – 現在　東京大学大学院工学系研究科附属
　　　　　　量子相エレクトロニクス研究センター　兼担
2020 年 10 月 – 現在　東京大学大学院工学系研究科物理工学専攻　教授

主　著
"*Entropy, Divergence, and Majorization in Classical and Quantum Thermodynamics*" (Springer, 2022)

受　賞
2013 年　Young Scientist Prize of the C3 Commission (Statistical Physics) of IUPAP ("Young Boltzmann Medal")
2015 年　第 30 回西宮湯川記念賞
2018 年　第 5 回ヤマト科学賞
2018 年　第 8 回永瀬賞特別賞
2019 年　文部科学大臣表彰若手科学者賞
2021 年　第 25 回久保亮五記念賞

基本法則から読み解く 物理学最前線 28

非平衡統計力学
—ゆらぎの熱力学から情報熱力学まで—

Nonequilibrium Statistical Mechanics
From Stochastic Thermodynamics to Information Thermodynamics

2022 年 6 月 10 日　初版 1 刷発行
2024 年 5 月 20 日　初版 7 刷発行

検印廃止
NDC 421.4

ISBN 978-4-320-03548-5

著　者　沙川貴大　© 2022
監　修　須藤彰三
　　　　岡　真
発行者　南條光章
発行所　**共立出版株式会社**
東京都文京区小日向 4-6-19
電話　03-3947-2511（代表）
郵便番号　112-0006
振替口座　00110-2-57035
www.kyoritsu-pub.co.jp

印　刷
製　本　藤原印刷

一般社団法人
自然科学書協会
会員

Printed in Japan

JCOPY ＜出版者著作権管理機構委託出版物＞
本書の無断複製は著作権法上での例外を除き禁じられています．複製される場合は，そのつど事前に，出版者著作権管理機構（TEL：03-5244-5088，FAX：03-5244-5089，e-mail：info@jcopy.or.jp）の許諾を得てください．